SAMMLUNG GÖSCHEN BAND 930

Elementare und klassische Algebra

vom modernen Standpunkt

Von

Dr. Wolfgang Krull

o. Professor an der Universität Bonn

Zweite, erweiterte Auflage

I

WALTER DE GRUYTER & CO

vormals G. J. Göschen'sche Verlagshandlung · J. Guttentag, Verlagsbuchhandlung · Georg Reimer · Karl J. Trübner · Veit & Comp.

Berlin 1952

Archiv-Nr. 11 09 30
Druck von A. W. Hayn's Erben, Berlin SO 36
Printed in Germany

Inhalt.

Literatur.

1. Bieberbach-Bauer, Algebra. Leipzig, Teubner 1928.
2. H. Hasse, Höhere Algebra. I. Lineare Gleichungen. Sammlung Göschen Nr. 931.
3. H. Hasse, Höhere Algebra. II. Gleichungen höheren Grades. Sammlung Göschen Nr. 932.
4. H. Hasse u. W. Klobe, Aufgabensammlung zur höheren Algebra. Sammlung Göschen Nr. 1082.
5. O. Haupt, Lehrbuch der Algebra. 2 Bde. Leipzig, Akademische Verlagsgesellschaft m. b. H. 2. Aufl. 1952.
6. O. Perron, Algebra. 2 Bde. Berlin, Walter de Gruyter & Co. Göschens Lehrbücherei Bd. 8 u. 9. 3. Aufl. 1951 u. 1952.
7. B. L. van der Waerden, Moderne Algebra I. Grundlehren d Math. Wiss. 33. Berlin, Springer, 3. Aufl. 1950.

Vorbemerkungen.

In dem vorliegenden Buche habe ich mich bemüht, möglichst vollständig diejenigen Teilgebiete der nichtlinearen Algebra, insbesondere der Gleichungstheorie zu behandeln, die auch dem der Algebra ferner stehenden Mathematiker vertraut sein sollten. Gleichzeitig war es mein Ziel, durch die Form der Darstellung den Leser in die moderne Denkweise einzuführen und ihn so auf die eigentliche „Höhere Algebra" vorzubereiten. Zu den einzelnen Abschnitten sei bemerkt:

Abschnitt I enthält eine Neubegründung des bereits auf der Schule geübten Buchstabenrechnens unter Voranstellung des für die moderne Algebra grundlegenden Körperbegriffs. Der Anfänger möge gerade diesen Abschnitt sorgfältig durcharbeiten. In Abschnitt II werden die rationalen Beziehungen zwischen den Nullstellen und den Beiwerten (Koeffizienten) algebraischer Gleichungen und die Zerlegung ganzzahliger Polynome behandelt. Auch der Sturmsche Satz hat hier seinen Platz gefunden. Die elementare Auflösung der Gleichungen 2. bis 4. Grades durch Wurzelzeichen bringt Abschnitt III. Höhere Gesichtspunkte — eine Einführung in den Gedankenkreis des Bézoutschen Satzes — finden sich dort, wo die homogene Schreibweise benutzt wird, vor allem bei der Lösung zweier simultaner quadratischer Gleichungen. — Abschnitt IV behandelt zunächst die Konstruktion algebraischer Oberkörper nach Kronecker und Steinitz, sowie die moderne Gradtheorie. Im übrigen schließt sich der Abschnitt eng an die geschichtliche Entwicklung an, indem als Vorbereitung für die Gaußsche Kreisteilungstheorie von Abschnitt V die Untersuchungen von Lagrange besprochen werden, die für die moderne Gleichungstheorie grundlegend geworden sind. Unmittelbar bis zur allgemeinen Galoisschen Theorie führt Abschnitt VI. Zunächst wird — ohne Gruppentheorie — gezeigt, daß metazyklische Körper und Radikalkörper im wesentlichen gleichwertige Begriffe sind, dann werden für die „allgemeine Gleichung" die Hauptsätze der Galoisschen Theorie in Lagrangeschem Geiste abgeleitet. So ist abschließend ein Standpunkt erreicht, von dem sich einerseits die Weiterentwicklung leicht überblicken läßt, und von dem aus andrerseits vor allem der Grundgedanke des Abelschen Beweises für die Unmöglichkeit der Lösung der allgemeinen Gleichung fünften Grades durch Radikale völlig durchsichtig wird. — In einem Anhang wird der Gaußsche „Fundamentalsatz der Algebra" vom modernen Standpunkt kurz behandelt.

Abschnitt I. Formales Rechnen.

§ 1. Der Körperbegriff.

Die Algebra wird beherrscht von den vier Grundrechnungsarten Addition, Subtraktion, Multiplikation, Division. Der Leser geht am besten mit diesen Rechnungsarten zunächst so um, wie er es vom elementaren Buchstabenrechnen her gewohnt ist. Eine Zusammenstellung derjenigen formalen Eigenschaften der Addition usw., auf die es in der Algebra allein ankommt, findet sich am Schlusse des Paragraphen.

Ein System $\mathfrak{R}$, für dessen Elemente Addition, Subtraktion und Multiplikation definiert und unbeschrankt ausführbar sind, wird als „Ring“ bezeichnet. Ist in $\mathfrak{R}$ außerdem auch die Division durch von 0 verschiedene Elemente unbeschrankt ausfuhrbar, so heißt $\mathfrak{R}$ ein „Körper“. — Der Ring $\mathfrak{R}$ ist dann und nur dann ein Körper, wenn $\mathfrak{R}$ gleichzeitig mit einem beliebigen Elemente $a \neq 0$ stets auch das dazu reziproke Element $a^{-1} = \frac{1}{a}$ enthält.

Die Bedeutung des Ring- und Körperbegriffs erkennt man am besten durch die Betrachtung von Beispielen. Beschränkt man sich, wie wir im Folgenden, so weit nichts anderes ausdrücklich angegeben wird, stets tun wollen, auf die Betrachtung von solchen Ringen und Körpern, bei denen das weiter unten erwahnte Element $\overline{0}$ bzw. $\overline{1}$ mit der Zahl 0 bzw. 1 zusammenfallt, so ist der einfachst denkbare Ring das System $\mathfrak{R}_0$ aller positiven und negativen ganzen Zahlen (einschließlich der Null). Das Teilsystem aller positiven ganzen Zahlen bildet fur sich allein keinen Ring, da die Subtraktion innerhalb dieses Teilsystems nicht unbeschrankt ausfuhrbar ist. Der einfachste Körper $\mathfrak{K}_0$ besteht aus allen rationalen Zahlen, also aus allen Brüchen der Form $\frac{a_0}{b_0}$ (a_0, b_0 in $\mathfrak{R}_0$; $b_0 \neq 0$). Die Menge $\mathfrak{K}_r$ aller reellen Zahlen, also aller endlichen oder unendlichen Dezimalbrüche, stellt einen echten Oberkörper von $\mathfrak{K}_0$ dar, also einen Körper, der alle Elemente von $\mathfrak{K}_0$, außerdem aber auch nicht zu $\mathfrak{K}_0$ gehörige Elemente enthält. Einen echten Oberkörper von $\mathfrak{K}_r$ bildet die Menge $\mathfrak{K}_k$ aller komplexen Zahlen, also aller Zahlen der Form $\alpha = a + bi$ (a und b reell, i imaginäre Einheit).

Bei der Betrachtung von $\mathfrak{K}_k$ hat man die Rechenregeln $(a + bi) \pm (c + di) = (a \pm c) + (b \pm d)i$; $(a + bi) \cdot (c + di) = (ac - bd) + (ad + bc)i$, $(a + bi)^{-1} = (a^2 + b^2)^{-1} \cdot (a - bi)$ zu beachten. Aus diesen Regeln folgt nun, daß auch das System $\mathfrak{K}'_k$ aller „rationalen komplexen Zahlen", d. h. aller $\alpha = a + bi$ (a, b in $\mathfrak{K}_0$) einen Körper darstellt. $\mathfrak{K}'_k$ ist ein echter Oberkörper von $\mathfrak{K}_0$ und ein echter Unterkörper von $\mathfrak{K}_k$. Von den Körpern $\mathfrak{K}'_k$, $\mathfrak{K}_r$ ist keiner im anderen enthalten. Der Durchschnitt von $\mathfrak{K}'_k$ und $\mathfrak{K}_r$, d. h. die Menge aller gleichzeitig zu $\mathfrak{K}'_k$ und $\mathfrak{K}_r$ gehörigen Elemente ist der Körper $\mathfrak{K}_0$.

Ein für die Algebra charakteristischer Vorgang besteht darin, daß man aus einem gegebenen Körper $\mathfrak{K}$ bzw. Ring $\mathfrak{R}$ durch Hinzunahme neuer Elemente einen Oberkörper $\mathfrak{L}$ bzw. Oberring $\mathfrak{O}$ bildet. Dabei können die neuen Elemente „Unbestimmte" sein (vgl. zu diesem Begriff § 3, insbesondere Anm. [1])), es können aber auch zwischen ihnen und den Elementen von $\mathfrak{K}$ bzw. $\mathfrak{R}$ algebraische Beziehungen bestehen. Beide Möglichkeiten kommen bereits in der Schulmathematik vor. Das übliche „Buchstabenrechnen" ist nichts anderes als das Operieren in einem Körper oder Ring, den man aus einem geeigneten Zahlkörper (etwa aus $\mathfrak{K}_0$, $\mathfrak{K}_r$, $\mathfrak{K}_k$) durch Hinzunahme von endlich vielen Unbestimmten gewonnen hat. In diesem Sinne bringen die folgenden Paragraphen (bis § 7 einschließlich) einfach eine Entwicklung der Grundlagen des Buchstabenrechnens „vom höheren Standpunkt". Aber auch die Bildung von Oberkörpern mit algebraischen Beziehungen zwischen den neu hinzugenommenen Elementen und denen des Grundkörpers spielt schon in der Schulmathematik eine nicht unbeträchtliche Rolle. Die Bedeutung der üblichen Rechenregeln für Quadratwurzeln, insbesondere des „Wegschaffens der Quadratwurzeln aus dem Nenner“ wird erst vom körpertheoretischen Standpunkt aus voll verständlich.

Die für uns allein wichtigen Eigenschaften der Addition und Multiplikation sind bei beliebigen Ringen die folgenden:

a) $(a + b) + c = a + (b + c)$; $(a \cdot b) \cdot c = a \cdot (b \cdot c)$ (assoziatives Gesetz).

b) $a + b = b + a$; $a \cdot b = b \cdot a$ (kommutatives Gesetz).

c) $(a + b) \cdot c = a \cdot c + b \cdot c$ (distributives Gesetz).

d) Es gibt ein „Nullelement“ bzw. „Einheitselement“ $\overline{0}$ bzw. $\overline{1}$ der Addition bzw. Multiplikation, das für jedes a der Gleichung $a + \overline{0} = a$ bzw. $a \cdot \overline{1} = a$ genugt.

e) Zu jedem a gibt es ein (eindeutig bestimmtes) Element $-a$, für das $a + (-a) = \overline{0}$ wird.

In jedem K o r p e r gilt außerdem

f) Es gibt zu jedem Element $a \neq \overline{0}$ ein (eindeutig bestimmtes) Element a^{-1}, für das $a \cdot a^{-1} = \overline{1}$ wird.

Aus e) folgt sofort die allgemeine eindeutige Ausführbarkeit der Subtraktion, d. h. die Lösbarkeit der Gleichung $a + x = b$. Analog ergibt sich aus f) die Möglichkeit der Division durch jedes $a \neq \overline{0}$. Besonders betont sei die Tatsache, daß die D i v i s i o n d u r c h N u l l g r u n d s ä t z l i c h a u s g e s c h l o s s e n ist. Die Gleichung $a \cdot \overline{0} = \overline{0}$ ist eine einfache Folge von c), gilt also in jedem Ring.

Im übrigen beschränken wir uns auf die Betrachtung von solchen Ringen, in denen k e i n e „N u l l t e i l e r“ auftreten, d. h. Ringe mit der Eigenschaft:

g) Aus $a \cdot b = \overline{0}$, $a \neq \overline{0}$ folgt $b = \overline{0}$.

Bei einem Körper ist g) selbstverständlich, denn aus $a \cdot b = \overline{0}$, $a \neq \overline{0}$ ergibt sich durch Multiplikation mit a^{-1} sofort: $\overline{0} = a^{-1} \cdot \overline{0} = a^{-1} \cdot (a \cdot b) = (a^{-1} \cdot a) \cdot b = \overline{1} \cdot b = b$.

Da sich das Nullelement $\overline{0}$ bzw. das Einselement $\overline{1}$ weitgehend analog den Zahlen 0 und 1 verhalten, lassen wir in Zukunft dort, wo kein Mißverständnis zu befürchten ist, den Querstrich fort und schreiben einfach 0 und 1.

Dem für abstrakte Überlegungen interessierten Leser sei empfohlen, überall dort, wo wir einen gegebenen Körper oder Ring zu einem Oberkörper oder Oberring erweitern, sorgfältig nachzuprüfen, daß die für den Ausgangsbereich vorausgesetzten Eigenschaften a) bis f) bzw. a) bis e) auch dem Oberbereich zukommen[1]).

§ 2. Quotientenkörperbildung.

Die folgenden Betrachtungen zeigen an einem einfachen Beispiel den praktischen Wert des allgemeinen Körper- und Ringbegriffs. Bekanntlich ist das Rechnen mit Brüchen, insbesondere die Addition und Division, auch für viele der Schule entwachsene Gebildete keineswegs eine einfache Sache. Wir behandeln nun die Aufgabe, einen ganz beliebigen, von Nullteilern freien Ring $\mathfrak{R}$ genau so zu einem Körper $\mathfrak{K}$ zu erweitern, wie man es bei dem Ring $\mathfrak{R}_0$ der ganzen Zahlen macht, wenn man durch Einführung der gewöhnlichen Brüche zum Körper $\mathfrak{K}_0$ der rationalen Zahlen übergeht. Dabei wird sich zeigen, daß der allgemeine Fall in gewissem Sinne leichter zu erledigen ist als der von der Schule her bekannte Spezialfall. — Der gesuchte Körper $\mathfrak{K}$ soll offenbar aus allen formalen „Brüchen"
$\frac{a}{b}$ (a und b in $\mathfrak{R}$, $b \neq 0$) bestehen („Quotientenkörper"[1]),

wobei insbesondere für beliebige a stets $\frac{a}{1} = a$ zu setzen ist.

---

[1]) Vgl. hierzu Hasse, Höhere Algebra I, Göschen, Nr. 931, § 1.

Aus der Tatsache, daß der Bruch $\frac{a}{b}$ eingefuhrt wird, um eine Lösung der Gleichung $b \cdot x = a$ zu erhalten, ergibt sich sofort zwangslaufig die folgende Gleichheitsdefinition:

$\frac{a_1}{b_1} = \frac{a_2}{b_2}$ in $\mathfrak{K}$ dann und nur dann, wenn $a_1 \cdot b_2 = a_2 \cdot b_1$ in $\mathfrak{R}$.

In der Tat, soll $\frac{a_1}{b_1} = \frac{a_2}{b_2}$ sein, so muß, da ja die Gesetze a) bis f) in $\mathfrak{K}$ gelten sollen, notwendig $a_1 \cdot b_2 = \left(\frac{a_1}{b_1} \cdot b_1\right) \cdot b_2$ $= \frac{a_1}{b_1} \cdot (b_1 \cdot b_2) = \frac{a_2}{b_2} \cdot (b_2 \cdot b_1) = \left(\frac{a_2}{b_2} \cdot b_2\right) \cdot b_1 = a_2 \cdot b_1$ sein. — Haben wir umgekehrt $a_1 \cdot b_2 = a_2 \cdot b_1$, wobei $b_1 \neq 0$, $b_2 \neq 0$ und damit wegen der Nullteilerfreiheit von $\mathfrak{R}$ auch $b_1 \cdot b_2 \neq 0$ ist, so haben wir in anderer Schreibweise $\frac{a_1}{b_1} (b_1 \cdot b_2) = \left(\frac{a_1}{b_1} \cdot b_1\right) b_2$ $= \left(\frac{a_2}{b_2} \cdot b_2\right) \cdot b_1 = \frac{a_2}{b_2} \cdot (b_2 \cdot b_1)$, also $\left(\frac{a_1}{b_1} - \frac{a_2}{b_2}\right) \cdot (b_1 \cdot b_2) = 0$ und daraus muß wegen der Nullteilerfreiheit jedes Körpers $\frac{a_1}{b_1} = \frac{a_2}{b_2}$ folgen.

Unsere Gleichheitsdefinition ist also jedenfalls zwangsläufig festgelegt, es fragt sich nur, ob diese Definition auch immer brauchbar ist[1]). Dazu ist zu zeigen: 1. $\frac{a_1}{b_1} = \frac{a_1}{b_1}$ („Reflexivitat") 2. Aus $\frac{a_1}{b_1} = \frac{a_2}{b_2}$ folgt $\frac{a_2}{b_2} = \frac{a_1}{b_1}$ („Symmetrie") 3. Aus $\frac{a_1}{b_1} = \frac{a_2}{b_2}$, $\frac{a_2}{b_2} = \frac{a_3}{b_3}$ folgt $\frac{a_1}{b_1} = \frac{a_3}{b_3}$ („Transitivitat"). 1. und 2.

[1]) Vgl. hierzu Hasse I a. a. O. § 2.

sind aber in unserem Fall klar. Ist ferner $a_1 b_2 = a_2 b_1$, $a_2 b_3 = a_3 b_2$ $(b_1 \neq 0,\ b_2 \neq 0,\ b_3 \neq 0)$, so haben wir $a_1 \cdot b_2 \cdot b_3 = a_2 \cdot b_1 \cdot b_3 = a_3 \cdot b_1 \cdot b_2$, $(a_1 \cdot b_3 - a_3 \cdot b_1) \cdot b_2 = 0$ und weiter wegen $b_2 \neq 0$ und der Nullteilerfreiheit von $\mathfrak{R}$: $a_1 b_3 = a_3 b_1$, $\frac{a_1}{b_1} = \frac{a_3}{b_3}$.

Bedingung 1. 2. und 3. sind also erfüllt, unsere Gleichheitsdefinition ist stets brauchbar. Aus ihr ergibt sich sofort die Möglichkeit des Erweiterns und Kürzens, $\frac{a}{b} = \frac{a \cdot c}{b \cdot c}$ $(c \neq 0)$, sowie die Tatsache, daß $\frac{a}{b}$ dann und nur dann zu $\mathfrak{R}$ gehört, daß $\frac{a}{b} = \frac{c}{1} = c$ wird, wenn „a in $\mathfrak{R}$ durch b teilbar" ist, d. h. wenn in $\mathfrak{R}$ eine Gleichung $a = b \cdot c$ gilt. — Auch die Definitionen von Addition und Multiplikation ergeben sich sofort zwangsläufig: Offenbar muß $(b_1 \cdot b_2) \cdot \left(\frac{a_1}{b_1} + \frac{a_2}{b_2}\right) = (b_1 \cdot b_2) \cdot \frac{a_1}{b_1} + (b_1 \cdot b_2) \cdot \frac{a_2}{b_2} = b_2 \cdot a_1 + b_1 \cdot a_2$ und $(b_1 \cdot b_2) \cdot \left(\frac{a_1}{b_1} \cdot \frac{a_2}{b_2}\right) = a_1 \cdot a_2$ werden, d. h. man hat zu setzen $\frac{a_1}{b_1} + \frac{a_2}{b_2} = \frac{a_1 \cdot b_2 + a_2 \cdot b_1}{b_1 \cdot b_2}$, $\frac{a_1}{b_1} \cdot \frac{a_2}{b_2} = \frac{a_1 \cdot a_2}{b_1 \cdot b_2}$. Es ist nun noch zu verifizieren, daß bei diesen Definitionen aus $\frac{a_i}{b_i} = \frac{c_i}{d_i}$ $(i = 1, 2)$ stets $\frac{a_1}{b_1} + \frac{a_2}{b_2} = \frac{c_1}{d_1} + \frac{c_2}{d_2}$, $\frac{a_1}{b_1} \cdot \frac{a_2}{b_2} = \frac{c_1}{d_1} \cdot \frac{c_2}{d_2}$ folgt, und daß die formalen Bedingungen a) bis f) von § 1 für die Addition und Multiplikation erfüllt sind. Aber das sind ganz einfache Überlegungen, deren Durchfuhrung dem Leser uberlassen werden kann. (Man muß dabei dauernd die Tatsache ausnutzen, daß der Ring $\mathfrak{R}$ jedenfalls den Forderungen a) bis e) genügt.) Naturlich wird $-\frac{a}{b} = \frac{(-a)}{b}$; $\left(\frac{a}{b}\right)^{-1} = \frac{b}{a}$ $(a \neq 0)$, das letztere wegen $\frac{a}{b} \cdot \frac{b}{a} = \frac{a \cdot b}{a \cdot b} = 1$. — Damit ist nicht nur die *Existenz* des Quotientenkorpers $\mathfrak{K}$ gesichert, es ist auch, da wir *zwangslaufig* auf die Definitionen von Gleichheit, Addition und Multiplikation kamen, nachgewiesen, daß $\mathfrak{K}$ durch den Ausgangsring *eindeutig* bestimmt ist. Dabei waren die entscheidenden Überlegungen so einfach, daß ihre Rekonstruktion nach einmaliger grundlicher Durchdenkung auch dem Mindergeubten keine Schwierigkeit machen durfte. —

Anders ist es bei der ublichen Einfuhrung der rationalen Bruche in der Schulmathematik. Hier werden einerseits gewohnlich die zwischen den ganzen Zahlen bestehenden, aber fur die Quotientenbildung unwesentlichen *Großenbeziehungen* zu fruh ins Spiel gebracht. (Einteilung der positiven Bruche in „echte" (< 1) und unechte (> 1), Darstellung eines Bruches als „gemischte Zahl", d. h. Herausziehung des großten Ganzen). Andererseits und hauptsachlich wird viel zu großes Gewicht auf die Tatsache gelegt, daß wegen der eindeutigen Primfaktorzerlegung, also einer ganz speziellen und keineswegs selbstverstandlichen Eigenschaft der ganzen Zahlen, jeder rationale Bruch eine „gekurzte" Normaldarstellung besitzt. Das fuhrt vor allem bei der Bruchaddition zur Vernachlassigung der einfachen und allgemeinen Formel $\frac{a_1}{b_1} + \frac{a_2}{b_2} = \frac{a_1 b_2 + a_2 b_1}{b_1 \cdot b_2}$ und zum ausschließlichen Arbeiten mit dem „Hauptnenner", dessen Berechnung die Bildung des „kleinsten gemeinschaftlichen Vielfachen" von b_1 und b_2, d. h. die Losung einer durchaus nicht trivialen zahlentheoretischen Aufgabe erfordert. — Bei einem beliebigen Ausgangsring $\mathfrak{R}$ bleibt die Bestimmung des Hauptnenners erspart, weil ein solcher keineswegs immer existiert. Die Betrachtung des allgemeinen „abstrakten" Falles fuhrt also hier zwangslaufig zu dem einfachen und gerade auch fur den Ungeubten empfehlenswerten Aufbau der Bruchrechnung.

§ 3. Polynome in einer Unbestimmten.

Es sei $\mathfrak{K}$ ein beliebiger Körper, x eine Unbestimmte[1]), $\mathfrak{P} = \mathfrak{K}[x]$ bedeute den „Polynomring in x über $\mathfrak{K}$“. d. h. die Menge aller „Polynome“

$$p(x) = a_0 + a_1 x + \cdots + a_n x^n \; (n \geqq 0)^{2)}$$

bei denen die „Beiwerte“ (Koeffizienten) a_i dem Körper $\mathfrak{K}$ angehören. Addition, Subtraktion und Multiplikation erfolgen in $\mathfrak{P}$ nach bekanntem Schema:

$$(a_0 + a_1 x + a_2 x^2 + \cdots) \pm (b_0 + b_1 x + b_2 x^2 + \cdots) \\ = (a_0 \pm b_0) + (a_1 \pm b_1)x + (a_2 \pm b_2)x^2 + \cdots;$$

$$(a_0 + a_1 x + a_2 x^2 + \cdots + a_n x^n) \cdot (b_0 + b_1 x + b_2 x^2 + \cdots \\ + b_m x^m) = a_0 b_0 + (a_0 b_1 + a_1 b_0)x + (a_0 b_2 + a_1 b_1 + a_2 b_0)\, x^2 \\ + \cdots + a_n b_m x^{m+n}.$$

Daß $\mathfrak{P}$ ein Ring ist, ist selbstverständlich; daß $\mathfrak{P}$ keinen Körper darstellt, folgt z. B. aus der Tatsache, daß $x^{-1} = \frac{1}{x}$ nicht zu $\mathfrak{P}$ gehört. Unter dem „Grad“ des Polynoms $p(x)$ versteht man den Exponenten der höchsten Potenz von x, die in $p(x)$ „wirklich“, d. h. mit einem von 0 verschiedenen

[1]) Eine „Unbestimmte“ x im Sinne des Textes ist einfach eine Rechenmarke Wesentlich ist, daß x mit den Elementen des Ausgangskörpers $\mathfrak{K}$ durch keine algebraische Beziehung verknüpft ist, daß also keine Gleichung $x^n + a_1 x^{n-1} + \cdots + a_n = 0$ mit Beiwerten a_i aus $\mathfrak{K}$ gilt In diesem Sinn sind z B die Zahlen e und π Unbestimmte über dem Körper $\mathfrak{K}_0$ der rationalen Zahlen, — (aber nicht über dem Körper $\mathfrak{K}_r$ der reellen Zahlen, der ja selbst e und π als Elemente enthält). Andererseits braucht bei Anwendungen eine Unbestimmte x keineswegs immer als Zahl gedeutet zu werden Sehr häufig wird z B über dem Körper aller reellen oder aller komplexen Zahlen unter x irgend eine Funktion, — etwa $w = \frac{1}{z}$, $w = \sin z$ usw —, zu verstehen sein, und zwar die Funktion im ganzen, nicht der Funktionswert an einer einzelnen Stelle Im übrigen ist die Möglichkeit derartiger anschaulicher Deutungen von x für unsere algebraischen Betrachtungen nebensächlich — Man unterscheide scharf zwischen dem Begriff der „Unbestimmten“ und dem der (in irgend einer Gleichung auftretenden) „Unbekannten“.

[2]) Potenzen mit ganzzahligem Exponenten können in jedem Ring in der aus der Elementarmathematik bekannten Weise gebildet werden. Insonderheit wird stets $a^0 = 1$ gesetzt, auch für $a = 0$.

Beiwert auftritt. Aus dem Multiplikationsschema der Polynome folgt sofort der

Gradsatz. Der Grad des Produktes zweier Polynome ist gleich der Summe der Grade der Faktoren.

Der Gradsatz zeigt insbesondere, daß das Produkt zweier von Null verschiedener Polynome stets selbst von Null verschieden ist. Aus $a(x) \cdot b(x) = a(x) \cdot c(x)$, $a(x) \neq 0$ folgt daher (wegen $a(x) \cdot (b(x) - c(x)) = 0$) stets $b(x) = c(x)$.

Das Polynom $p(x)$ heßt „teilbar" durch das Polynom $q(x)$, wenn der Quotient $\frac{p(x)}{q(x)}$ zu $\mathfrak{P}$ gehort, wenn also eine Gleichung $p(x) = q(x) \cdot r(x)$ gilt. Ist $p(x)$ durch $q(x)$ teilbar, so kann wegen des Gradsatzes der Grad von $p(x)$ nicht kleiner sein als der von $q(x)$; haben $p(x)$ und $q(x)$ den gleichen Grad, so unterscheiden sie sich nur um einen Faktor a aus dem Beiwertkorper $\mathfrak{K}$, und es ist nicht nur $p(x)$ durch $q(x)$, sondern auch $q(x)$ durch $p(x)$ teilbar: $p(x) = a \cdot q(x)$, $q(x) = a^{-1} \cdot p(x)$. Zwei wechselseitig durcheinander teilbare Polynome werden im Folgenden als *„nicht wesentlich verschieden"* angesehen. In jeder Schar wechselseitig durcheinander teilbarer Polynome gibt es ein einziges „normiertes" Polynom, das dadurch ausgezeichnet ist, daß bei ihm die hochste wirklich auftretende x-Potenz den Beiwert 1 besitzt. Gleichzeitig mit $b(x)$ und $c(x)$ ist stets auch $b(x) \cdot c(x)$ normiert. Ist umgekehrt $a(x) = b(x) \cdot c(x)$ eine beliebige Faktorzerlegung des normierten Polynoms $a(x)$, und bedeutet β bzw. γ den Beiwert der höchsten in $b(x)$ bzw. $c(x)$ wirklich auftretenden x-Potenz, so ist $\gamma = \beta^{-1}$, und es wird $a(x) = (\beta^{-1} \cdot b(x)) \cdot (\beta \cdot c(x))$ eine Zerlegung von $a(x)$, bei der die von $b(x)$ bzw. $c(x)$ nicht wesentlich verschiedenen Faktoren $\beta^{-1} \cdot b(x)$ bzw. $\beta \cdot c(x)$ beide normiert sind. Bei einem normierten Polynom braucht man daher nur Zerlegungen in normierte Faktoren zu betrachten. — Die Grundlage fur die Teilbarkeitstheorie der Polynome bildet der

Ausdivisionssatz. Zu zwei Polynomen $p(x)$ *und* $q(x)$ *von den Graden* m *und* n $(n \leqq m)$ *gibt es stets ein eindeutig bestimmtes drittes Polynom* $s(x)$, *derart, daß der „Rest"* $p(x) - q(x) \cdot s(x) = r(x)$ *ein Polynom höchstens* $(n-1)$*-ten Grades wird.*

Die Bestimmung von $s(x)$ (und damit auch von $r(x)$) erfolgt nach dem von der elementaren Buchstabenrechnung her bekannten Divisionsverfahren. Zunächst wählt man c_0 so, daß in $p(x) - c_0 x^{m-n} \cdot q(x)$ der Beiwert von x^m gleich 0 wird, dann macht man (für $m-1 \geqq n$) durch geeignete Wahl von c_1 den Beiwert von x^{m-1} in $(p(x) - c_0 x^{m-n} \cdot q(x)) - c_1 x^{m-n-1} \cdot q(x) = p(x) - (c_0 x^{m-n} + c_1 x^{m-n-1}) \cdot q(x)$ zu Null usw. — Hat ferner sowohl $r_1(x) = p(x) - q(x) \cdot s_1(x)$ als auch $r_2(x) = p(x) - q(x) \cdot s_2(x)$ einen kleineren Grad als n, so ist auch der Grad von $r_1(x) - r_2(x) = q(x)\,(s_2(x) - s_1(x))$ kleiner als der Grad n von $q(x)$, und daraus folgt sofort $r_1(x) - r_2(x) = 0$, $s_1(x) - s_2(x) = 0$.

Offenbar ist $p(x)$ dann und nur dann durch $q(x)$ teilbar, wenn der Rest $r(x)$ gleich Null wird. — Ist aber in der Gleichung $p(x) = q(x) \cdot s(x) + r(x)$ der Rest $r(x)$ von 0 verschieden, und etwa vom Grade $n_1 < n$, so dividiere man $q(x)$ durch $r(x)$ aus, $q(x) = r(x) \cdot s_1(x) + r_1(x)$. Ist ferner $r_1(x)$ von 0 verschieden und vom Grade $n_2 < n_1$, so bilde man zu $r(x)$ und $r_1(x)$ den zugehörigen Rest: $r(x) = r_1(x) \cdot s_2(x) + r_2(x)$. Für $r_2(x) \neq 0$ bilde man zu $r_1(x)$ und $r_2(x)$ den Rest $r_3(x)$ usw.

Wegen der dauernd abnehmenden Gradzahlen muß die Folge $q(x)$, $r(x)$, $r_1(x)$, $r_2(x)$, ... schließlich abbrechen, d. h. es muß schließlich $r_\sigma(x) = r_{\sigma-2}(x) - r_{\sigma-1}(x) \cdot s_\sigma(x) \neq 0$, $r_{\sigma+1}(x) = r_{\sigma-1}(x) - r_\sigma(x) \cdot s_{\sigma+1}(x) = 0$ werden. Wir behaupten nun: $r_\sigma(x)$ ist ein „größter gemeinschaftlicher Teiler" (abgekürzt „gr. g. T.") von $p(x)$ und $q(x)$, d. h.: a) $r_\sigma(x)$ teilt sowohl $p(x)$ als auch $q(x)$, und b) jeder gemeinsame Teiler von $p(x)$ und $q(x)$ teilt $r_\sigma(x)$.

In der Tat, aus $r_\sigma(x) \cdot s_{\sigma+1}(x) = r_{\sigma-1}(x)$ folgt $r_{\sigma-2}(x) = r_{\sigma-1}(x) \cdot s_\sigma(x) + r_\sigma(x) = r_\sigma(x) \cdot (1 + s_\sigma(x) \cdot s_{\sigma+1}(x)) = r_\sigma(x) \cdot a_1(x)$, $r_{\sigma-3}(x) = r_{\sigma-2}(x) \cdot s_{\sigma-1}(x) + r_{\sigma-1}(x) = r_\sigma(x) \cdot (s_{\sigma+1}(x) + s_{\sigma-1}(x) \cdot a_1(x)) = r_\sigma(x) \cdot a_2(x)$ usw.; es ergibt sich also schrittweise die Teilbarkeit von $r_{\sigma-2}(x)$, $r_{\sigma-3}(x), \ldots r_1(x), r(x), q(x), p(x)$ durch $r_\sigma(x)$. — Ist andererseits $p(x) = t(x) \cdot a_1(x)$, $q(x) = t(x) \cdot a_2(x)$, so wird

$$r(x) = t(x) \cdot (a_1(x) - s(x) \cdot a_2(x)) = t(x) \cdot a_3(x),$$
$$r_1(x) = t(x) \cdot (a_2(x) - s_1(x) \cdot a_3(x)) = t(x) \cdot a_4(x), \ldots,$$
$$r_\sigma(x) = t(x) \cdot a_{\sigma+3}(x).$$

$r_\sigma(x)$ besitzt also wirklich die Eigenschaften a) und b). Das Gleichungssystem, das uns zur Konstruktion von $r_\sigma(x)$ diente, zeigt aber noch mehr. Man erhalt der Reihe nach:

$$r(x) = p(x) - q(x) \cdot s(x) = b_0(x) \cdot p(x) + c_0(x) \cdot q(x);$$
$$r_1(x) = q(x) - (b_0(x) \cdot p(x) + c_0(x) \cdot q(x)) \cdot s_1(x)$$
$$= b_1(x) \cdot p(x) + c_1(x) \cdot q(x); \; r_2(x) =$$
$$(b_0(x) \cdot p(x) + c_0(x) \cdot q(x)) - (b_1(x) \cdot p(x) + c_1(x) \cdot q(x)) \cdot s_2(x)$$
$$= b_2(x) \cdot p(x) + c_2(x) \cdot q(x); \; \ldots; \; r_\sigma(x) = b_\sigma(x) \cdot p(x) + c_\sigma(x) \cdot q(x).$$

— Das Endergebnis lautet also:

Zwei beliebige Polynome $p(x)$ und $q(x)$ besitzen stets einen gr. g. T. $R(x)$. Es gilt eine Polynomgleichung $R(x) = B(x) \cdot p(x) + C(x) \cdot q(x)$.

Was die Eindeutigkeitsfrage angeht, so ist klar, daß zwei gr. g. T. $R_1(x)$, $R_2(x)$ von $p(x)$ und $q(x)$ wechselseitig durcheinander teilbar, also nicht wesentlich verschieden sind. In der Gleichung $R(x) = B(x) \cdot p(x) + C(x) \cdot q(x)$ konnen $B(x)$ und $C(x)$ im wesentlichen eindeutig festgelegt werden durch die Forderung, daß der Grad von $B(x)$ bzw. $C(x)$ kleiner sein soll als der Grad von $q(x)$ bzw. $p(x)$; doch gehen wir auf diesen Punkt nicht naher ein. — Zwei Polynome heißen „teilerfremd", wenn ihr gr. g. T. den Grad 0 besitzt, also bei geeigneter Normierung gleich 1 wird. Nach dem Hauptsatz uber den gr. g. T. sind $p(x)$ und $q(x)$ dann und nur dann teilerfremd, wenn eine Gleichung $A(x) \cdot p(x) + B(x) \cdot q(x) = 1$ gilt. Aus dieser Bemerkung folgt sofort weiter

Ist $q(x) \cdot r(x)$ teilbar durch $p(x)$, und sind $p(x)$ und $q(x)$ teilerfremd, so ist stets auch $r(x)$ durch $p(x)$ teilbar.

In der Tat, aus $q(x) \cdot r(x) = p(x) \cdot C(x)$, $1 = A(x) \cdot p(x) + B(x) \cdot q(x)$ ergibt sich $r(x) = p(x) \cdot (A(x) \cdot r(x) + B(x) \cdot C(x))$.

Ebenso sieht man sofort:

Sind die Polynome $p(x)$ und $q(x)$ über dem Körper $\mathfrak{K}$ teilerfremd, so sind sie es erst recht über jedem Oberkörper $\mathfrak{L}$ von $\mathfrak{K}$.

Ist $\mathfrak{K}$ ein Körper, so $\mathfrak{K}[x]$ ein nullteilerfreier Ring und wir können den Quotientenkörper $\mathfrak{K}(x)$ von $\mathfrak{K}[x]$ bilden. $\mathfrak{K}(x)$ besteht aus allen Polynomquotienten $\frac{z(x)}{n(x)}$ $(n(x) \neq 0)$ und heißt der „Körper der rationalen Funktionen über $\mathfrak{K}$“.

§ 4. Unzerlegbare Polynome.

Ein Polynom $p(x)$ von positivem Grade aus $\mathfrak{P} = \mathfrak{K}[x]$ heißt (in $\mathfrak{P}$) „unzerlegbar“, wenn es sich in $\mathfrak{P}$ nicht als Produkt von Faktoren niedrigeren Grades darstellen läßt, wenn es also in $\mathfrak{P}$ außer den Elementen von $\mathfrak{K}$ und den nicht wesentlich verschiedenen Polynomen keine weiteren Teiler besitzt. Zu den unzerlegbaren Polynomen gehören jedenfalls alle Polynome vom Grade 1 („lineare“ Polynome). Ein durch das unzerlegbare Polynom $p(x)$ unteilbares Polynom $a(x)$ aus $\mathfrak{P}$ (z. B. jedes Polynom $a(x)$, dessen Grad kleiner ist als der von $p(x)$) ist stets zu $p(x)$ teilerfremd.

Zerlegungssatz. In $\mathfrak{P}$ kann jedes normierte Polynom $a(x)$ eindeutig als Produkt von endlich vielen normierten unzerlegbaren Polynomen dargestellt werden, $a(x) = p_1(x) \cdot p_2(x) \cdot \ldots \cdot p_s(x)$.

Die Existenz einer Zerlegung der gewünschten Art ist fast selbstverständlich. Sie folgt einfach aus der Tatsache, daß jedes nichtunzerlegbare normierte Polynom als Produkt von Faktoren niedrigeren Grades dargestellt werden kann, die nach einer früheren Bemerkung gleichfalls normiert angenommen werden dürfen, sowie aus der Bemerkung, daß bei keiner Zerlegung $a(x) = a_1(x) \cdot \ldots \cdot a_t(x)$ die Faktorenzahl t größer sein kann als der Grad von $a(x)$. — Es sei ferner $a(x) = p_1(x) \cdot \ldots \cdot p_s(x) = p_1'(x) \cdot \ldots \cdot p_{s'}(x)$, wobei sowohl die $p_i(x)$ als auch die $p_i'(x)$ alle unzerlegbar und normiert sind. Sind dann etwa $p_{K+1}'(x), p_{K+2}'(x), \ldots p_{s'}'(x)$ durch $p_1(x)$ unteilbar, so sind diese Polynome zu $p_1(x)$ teilerfremd, und es muß infolgedessen, wie bereits festgestellt $p_1'(x) \cdot \ldots \cdot p_K'(x)$ durch $p_1(x)$ teilbar sein. Aus dieser Bemerkung folgt sofort, daß mindestens ein $p_i'(x)$, etwa $p_1'(x)$, durch $p_1(x)$ teilbar ist. Als unzerlegbares Polynom ist dann $p_1'(x)$ von $p_1(x)$ nicht wesentlich verschieden, und wegen der Normierungsvoraussetzung müssen $p_1(x)$ und $p_1'(x)$ sogar identisch sein. Aus $p_1(x) \cdot ((p_2(x) \cdot \ldots \cdot p_s(x) - p_2'(x) \cdot \ldots \cdot p_{s'}'(x)) = 0$ folgt nun weiter $p_2(x) \cdot \ldots \cdot p_s(x) = p_2'(x) \cdot \ldots \cdot p_{s'}'(x)$, und aus dieser letzteren Gleichung schließt man wieder, daß bei geeigneter Numerierung $p_2(x) = p_2'(x)$ werden muß. So beweist man schrittweise die Eindeutigkeitsbehauptung des Zerlegungssatzes. — Läßt man im Zerlegungssatz die Normierungsvoraussetzung fallen, so ist die Eindeutigkeitsbehauptung folgendermaßen zu formulieren: Sind $a(x) = p_1(x) \cdot \ldots \cdot p_s(x) = p_1'(x) \cdot \ldots \cdot p_{s'}'(x)$ zwei Zerlegungen von $a(x)$ in unzerlegbare Faktoren, so ist $s = s'$, und es sind bei geeigneter Numerierung $p_i(x)$ und $p_i'(x)$ $(i = 1, \ldots s)$ jeweils nicht wesentlich verschieden.

Die Zerlegung eines bestimmten Polynoms in unzerlegbare Faktoren hängt wesentlich von dem zugrundegelegten Beiwertkörper ab. Es sei z. B. $\mathfrak{P}_0$ bzw. $\mathfrak{P}_r$ bzw. $\mathfrak{P}_k$ der Polynomring in x über dem Körper $\mathfrak{K}_0$ bzw. $\mathfrak{K}_r$ bzw. $\mathfrak{K}_k$ aller rationalen bzw. aller reellen bzw. aller komplexen Zahlen, $a(x)$ bedeute das allen drei Polynomringen angehörige Polynom $x^4 - x^2 - 2$. Dann zerfällt $a(x)$ in $\mathfrak{P}_0$ in die beiden unzerlegbaren Faktoren $x^2 - 2$ und $x^2 + 1$.

In $\mathfrak{P}_r$ wird $x^2 - 2$ zerlegbar, $x^2 - 2 = (x - \sqrt{2}) \cdot (x + \sqrt{2})$, während $x^2 + 1$ unzerlegbar bleibt, man hat also $a(x) = (x - \sqrt{2}) \cdot (x + \sqrt{2}) \cdot (x^2 + 1)$. In $\mathfrak{P}_k$ schließlich wird auch $x^2 + 1$ zerlegbar, $x^2 + 1 = (x - i) \cdot (x + i)$, und es ergibt sich $a(x) = (x - \sqrt{2}) \cdot (x + \sqrt{2}) \cdot (x - i) \cdot (x + i)$. Bei weiterer Vergrößerung des Beiwertkörpers ändert sich an der Zerlegung von $a(x)$ nichts mehr. — Die Aufgabe, jedes beliebig vorgegebene Polynom rechnerisch in seine unzerlegbaren Faktoren aufzuspalten, ist nur bei besonderer Wahl des Beiwertkörpers allgemein lösbar. Zu dem wichtigsten Fall (Beiwertkörper $\mathfrak{K}_0$) vgl. § 12, sowie den Kleindruck von § 13.

Ist $p(x)$ in $\mathfrak{K}[x]$ unzerlegbar, und $q(x)$ nicht durch $p(x)$ teilbar, so ist $p(x)$ über $\mathfrak{K}$ und also nach § 3 auch über jedem Oberkörper $\mathfrak{L}$ von $\mathfrak{K}$ zu $q(x)$ teilerfremd. Daraus folgt der wichtige Satz:

Ist $p(x)$ unzerlegbar in $\mathfrak{K}[x]$ und bedeutet $q(x)$ ein beliebiges Polynom aus $\mathfrak{K}[x]$, das mit $p(x)$ über irgend einem Oberkörper $\mathfrak{L}$ von $\mathfrak{K}$ einen Teiler $t(x)$ von positivem Grade gemeinsam hat, (z. B. einen Linearfaktor $x-\alpha$, α in $\mathfrak{K}$), so ist $q(x)$ durch $p(x)$ teilbar.

§ 5. Polynome in endlich vielen Veränderlichen.

Es sei $\mathfrak{R}$ ein nullteilerfreier und im übrigen beliebiger Ring. Bilden wir dann mit endlich vielen Unbestimmten $x_1, \ldots, x_n$ der Reihe nach die Ringe $\mathfrak{P}_1 = \mathfrak{R}[x_1]$, $\mathfrak{P}_2 = \mathfrak{P}_1[x_2]$, ..., $\mathfrak{P}_n = \mathfrak{P}_{n-1}[x_n]$, so erhalten wir als Endergebnis den Polynomring $\mathfrak{P}_n = \mathfrak{R}[x_1, \ldots, x_n]$ in n Unbestimmten über $\mathfrak{R}$. Die Elemente von $\mathfrak{P}_n$ werden als Polynome in n Unbestimmten über $\mathfrak{R}$ bezeichnet. Ein (von 0 verschiedenes) Polynom $p(x)$ aus $\mathfrak{R}[x_1, \ldots, x_n]$ ist eine endliche Summe der Gestalt

$$(1) \quad p(x) = p(x_1, \ldots, x_n) = \sum_{i=1}^{N} \alpha_i \cdot x_1^{r_{1i}} \cdot \ldots \cdot x_n^{r_{ni}}$$

wobei die Beiwerte α_i von 0 verschiedene Elemente aus $\mathfrak{R}$, die r_{ki} $(i = 1, \ldots, N;\ k = 1, \ldots, n)$ nicht negative Zahlen sind, und wobei noch vorausgesetzt werden darf und soll, daß fur keine zwei verschiedenen Indizes i_1, i_2 durchweg $r_{ki_1} = r_{ki_2}$ wird. Wir sagen, das Potenzprodukt $x_1^{r_1} \cdot \ldots \cdot x_n^{r_n}$ „trete in $p(x)$ wirklich auf“, wenn in (1) unter den Exponentensystemen $r_{1i}, \ldots, r_{ni}$ unter anderem auch das System $r_1, \ldots, r_n$ vorkommt. Unter dem „konstanten Glied“ von $p(x)$ verstehen wir dasjenige Element aus $\mathfrak{R}$, in das $p(x)$ durch die Substitution $x_1 = \ldots = x_n = 0$ ubergeht. Ein **echtes Polynom** ist ein von Null verschiedenes nicht zu $\mathfrak{R}$ gehoriges Element aus $\mathfrak{R}[x_1, \ldots, x_n]$. Um fur die „Glieder“ $\alpha \cdot x_1^{r_1} \cdot \ldots \cdot x_n^{r_n}$ von $p(x)$ eine Reihenfolge festzulegen, fuhren wir unter den Potenzprodukten $x_1^{r_1} \cdot \ldots \cdot x_n^{r_n}$ eine Rangordnung ein. $x_1^{a_1} \cdot \ldots \cdot x_n^{a_n}$ heißt „**hoher**“ als $x_1^{b_1} \cdot \ldots \cdot x_n^{b_n}$, wenn die erste von 0 verschiedene unter den Differenzen $a_1 - b_1, \ldots, a_n - b_n$ positiv ist. Die in $p(x)$ wirklich auftretenden Glieder sollen dann so geordnet werden, daß die zugehorigen Potenzprodukte in abnehmender Hohe aufeinander folgen. Das bei dieser Anordnung an erster Stelle stehende Glied $\alpha \cdot x_1^{a_1} \cdot \ldots \cdot x_n^{a_n}$ heißt das „hochste Glied“ von $p(x_1, \ldots, x_n)$, das Zahlsystem $a_1, \ldots, a_n$ moge als das „Exponentensystem“ von $p(x_1, \ldots, x_n)$ bezeichnet werden. Als Verallgemeinerung des Gradsatzes von § 3 ergibt sich dann ohne Schwierigkeit:

Das hochste Glied eines Produktes ist gleich dem Produkt der höchsten Glieder der Faktoren. Ist $a_1, \ldots, a_n$ bzw. $b_1, \ldots, b_n$ das Exponentensystem von $p(x_1, \ldots, x_n)$ bzw. $q(x_1, \ldots, x_n)$, so ist $a_1 + b_1, \ldots, a_n + b_n$ das Exponentensystem von $p(x_1, \ldots, x_n) \cdot q(x_1, \ldots, x_n)$.

Zu einer etwas anderen Anordnung der Polynomglieder fuhrt der Begriff der **Homogenitat**. Ein Polynom $p(x_1, \ldots, x_n)$ heißt „**homogenes Polynom**“ oder „**Form**“ vom Grade g, wenn bei allen in $p(x)$ wirklich auftretenden Potenzprodukten $x_1^{r_{1i}} \cdot \ldots \cdot x_n^{r_{ni}}$ die Exponentensumme $r_{1i} + \ldots + r_{ni}$ denselben Wert g hat. Ein beliebiges Polynom $p(x) \neq 0$ besitzt offenbar immer eine eindeutig bestimmte Summenzerlegung

(2) $p(x) = \varphi_{g_1}(x) + \dots + \varphi_{g_h}(x) \quad (0 \leqq g_1 < g_2 < \dots < g_h)$,

die „Entwicklung nach Formen steigenden Grades" bei der $\varphi_{g_i}(x)$ jeweils eine von 0 verschiedene Form des Grades g_i bedeutet. $\varphi_{g_1}(x)$ bzw. $\varphi_{g_h}(x)$ moge als „Anfangs-" bzw. „Endform", g_1 bzw. g_h als „Anfangs-" bzw. „Endgrad" von $p(x)$ bezeichnet werden. Man erhalt dann muhelos die Satze: $p(x)$ ist dann und nur dann homogen, wenn Anfangs- und Endgrad, Anfangs- und Endform zusammenfallen. Bei einem Produkt von Polynomen ist die Anfangs- bzw. Endform gleich dem Produkt der Anfangs- bzw. Endformen, der Anfangs- bzw. Endgrad gleich der Summe der Anfangs- bzw. Endgrade der einzelnen Faktoren. — Aus diesem Satz folgt noch insbesondere, daß nicht nur das Produkt zweier Formen stets eine Form ist, sondern daß auch jeder Faktor einer Form eine Form sein muß.

§ 6. Symmetrische Funktionen.

Ein Polynom $p(x_1, \dots x_n)$ heißt „symmetrische Funktion" (in den Unbestimmten $x_1, \dots x_n$), wenn es sich bei beliebiger Vertauschung der x_i nicht andert. $p(x_1, \dots x_n)$ ist offenbar dann und nur dann eine symmetrische Funktion, wenn $p(x_1, \dots x_n)$ gleichzeitig mit einem Gliede $\alpha \cdot x_1^{a_1} \cdot \dots \cdot x_n^{a_n}$ stets auch alle die Glieder $\alpha \cdot x_1^{a_{\nu_1}} \cdot \dots \cdot x_n^{a_{\nu_n}}$ enthalt, die aus $\alpha \cdot x_1^{a_1} \cdot \dots \cdot x_n^{a_n}$ durch beliebige Vertauschung der Exponenten $a_1, \dots a_n$ entstehen.

Es sei z. B. $n = 4$, $\alpha\, x_1^{a_1}\, x_2^{a_2} \cdot x_3^{a_3}\, x_4^{a_4} = 2\, x_1^2\, x_2^3 \cdot x_3^0 \cdot x_4^0 = 2 \cdot x_1^2 \cdot x_2^3$ Dann entstehen aus $2 \cdot x_1^2 \cdot x_2^3$ durch Exponentenvertauschung die Glieder $2 \cdot x_1^2\, x_3^3$, $2\, x_1^2 \cdot x_4^3$, $2 \cdot x_1^3 \cdot x_2^2$, $2 \cdot x_1^3\, x_3^2$, $2 \cdot x_1^3 \cdot x_4^2$, $2 \cdot x_2^3 \cdot x_3^2$, $2 \cdot x_2^3 \cdot x_4^2$, $2 \cdot x_2^2 \cdot x_3^3$, $2 \cdot x_2^2 \cdot x_4^3$, $2 \cdot x_3^3 \cdot x_4^2$, $2 \cdot x_3^2\, x_4^3$. Ein symmetrisches Polynom $p(x_1, x_2, x_3, x_4)$, das das

Glied $2 \cdot x_1^2 \cdot x_2^3$ enthalt, enthält daher stets das (nach den Grundsatzen von § 5 geordnete) Aggregat:

$$2(x_1^3 \cdot x_2^2 + x_1^3 \cdot x_3^2 + x_1^3 \cdot x_4^2 + x_1^2 \cdot x_2^3 + x_1^2 \cdot x_3^3 + x_1^2 \cdot x_4^3 + x_2^3 \cdot x_3^2 + x_2^3 \cdot x_4^2 + x_2^2 \cdot x_3^3 + x_2^2 \cdot x_4^3 + x_3^3 \cdot x_4^2 + x_3^2 \cdot x_4^3).$$

Unter den symmetrischen Funktionen gibt es zwei ausgezeichnete Klassen allereinfachsten Baues:

a) Die Potenzsummen

$$(1) \quad S_m = x_1^m + x_2^m + \cdots + x_n^m \quad (m = 1,\ 2, \ldots).$$

b) Die „Grundfunktionen", die dadurch ausgezeichnet sind, daß in keinem Glied eine Unbestimmte in höherer als erster Potenz auftritt, und daß alle Beiwerte gleich 1 sind. Abgesehen von der „nullten" Grundfunktion $A_0 = 1$ gibt es genau n symmetrische Grundfunktionen in $x_1, \ldots x_n$, namlich:

$$(2) \begin{cases} A_1 = x_1 + x_2 + \cdots + x_n; A_2 = x_1 \cdot x_2 + x_1 \cdot x_3 + \cdots + x_{n-1} \cdot x_n; \\ A_3 = x_1 \cdot x_2 \cdot x_3 + x_1 \cdot x_2 \cdot x_4 + \cdots + x_{n-2} \cdot x_{n-1} \cdot x_n; \ldots; \\ A_{n-1} = x_1 \cdot x_2 \cdot \ldots \cdot x_{n-1} + \cdots + x_2 \cdot x_3 \cdot \ldots \cdot x_n; \\ A_n = x_1 \cdot x_2 \cdot \ldots \cdot x_n. \end{cases}$$

Die Grundfunktion A_i, die alle aus $x_1 \cdot x_2 \cdot \ldots \cdot x_i$ durch Indizesvertauschung entstehenden Potenzprodukte enthalt, besitzt nach einem Satze der Kombinatorik im ganzen $\binom{n}{i} = \frac{n(n-1) \cdot \ldots \cdot (n-i+1)}{1 \cdot 2 \cdot \ldots \cdot i}$ Glieder. Fur unsere spateren Betrachtungen sind die Grundfunktionen weit wichtiger als die Potenzsummen. Von allergrößter Bedeutung ist fur uns der

Hauptsatz der symmetrischen Funktionen. Es sei $s(x_1, \ldots x_n)$ eine symmetrische Funktion in $x_1, \ldots x_n$ mit Beiwerten aus einem beliebigen Ringe $\mathfrak{R}$. Dann läßt sich s stets eindeutig als Polynom in den symmetrischen Grundfunktionen $A_1, \ldots A_n$ mit Beiwerten aus $\mathfrak{R}$ darstellen, $s(x_1, \ldots x_n) = p(A_1, \ldots A_n)$.

Der Beweis stützt sich auf drei einfache Hilfsbemerkungen:

a) Ist $\alpha \cdot x_1^{a_1} \cdot \ldots \cdot x_n^{a_n}$ das höchste Glied der symmetrischen Funktion $s(x_1, \ldots x_n)$, so ist $a_1 \geqq a_2 \geqq \cdots \geqq a_n$. Wäre nämlich etwa $a_2 > a_1$, so enthielte $s(x_1, \ldots x_n)$ neben $\alpha \cdot x_1^{a_1} \cdot x_2^{a_2} \cdot \ldots \cdot x_n^{a_n}$ das höhere Glied $\alpha \cdot x_1^{a_2} \cdot x_2^{a_1} \cdot \ldots \cdot x_n^{a_n}$.

b) Sind $a_1; a_2, \ldots a_n$ irgendwelche nichtnegative ganze Zahlen, für die die Ungleichungen $a_1 \geqq a_2 \geqq \cdots \geqq a_n$ gelten, so wird stets $A_1^{a_1-a_2} \cdot A_2^{a_2-a_3} \cdot \ldots \cdot A_{n-1}^{a_{n-1}-a_n} \cdot A_n^{a_n}$ eine symmetrische Funktion mit dem höchsten Glied $x_1^{a_1} \cdot x_2^{a_2} \cdot \ldots \cdot x_n^{a_n}$.

c) Eine Folge von Potenzprodukten abnehmender Höhe kann niemals unendlich viele verschiedene Glieder besitzen.

Es sei nun $\alpha_1 \cdot x_1^{a_{11}} \cdot \ldots \cdot x_n^{a_{1n}}$ das höchste Glied von $s(x_1, \ldots x_n)$; dann hat nach b) auch $\alpha_1 \cdot A_1^{a_{11}-a_{12}} \cdot \ldots \cdot A_n^{a_{1n}}$ das höchste Glied $\alpha_1 \cdot x_1^{a_{11}} \cdot \ldots \cdot x_n^{a_{1n}}$, und es muß infolgedessen $\alpha_1 \cdot x_1^{a_{11}} \cdot \ldots \cdot x_n^{a_{1n}}$ höher sein als das höchste Glied $\alpha_2 \cdot x_1^{a_{21}} \cdot \ldots \cdot x_n^{a_{2n}}$ von $s(x_1, \ldots x_n) - \alpha_1 \cdot A_1^{a_{11}-a_{12}} \cdot \ldots \cdot A_n^{a_{1n}}$. Ebenso ergibt sich, daß $\alpha_2 \cdot x_1^{a_{21}} \cdot \ldots \cdot x_n^{a_{2n}}$ höher ist als das höchste Glied $\alpha_3 \cdot x_1^{a_{31}} \cdot \ldots \cdot x_n^{a_{3n}}$ von $s(x_1, \ldots x_n) - \alpha_1 \cdot A_1^{a_{11}-a_{12}} \cdot \ldots \cdot A_n^{a_{1n}} - \alpha_2 \cdot A_1^{a_{21}-a_{22}} \cdot \ldots \cdot A_n^{a_{2n}}$. In gleicher Weise kann man dann zu $s(x_1, \ldots x_n) - \alpha_1 \cdot A_1^{a_{11}-a_{12}} \cdot \ldots \cdot A_n^{a_{1n}} - \alpha_2 \cdot A_1^{a_{21}-a_{22}} \cdot \ldots \cdot A_n^{a_{2n}} - \alpha_3 \cdot A_1^{a_{31}-a_{32}} \cdot \ldots \cdot A_n^{a_{3n}}$ weiterschreiten usw. Nach c) muß das Verfahren nach endlich vielen Schritten abbrechen, und das ist nur dadurch möglich, daß man schließlich auf eine Gleichung $s(x_1, \ldots x_n) - \alpha_1 \cdot A_1^{a_{11}-a_{12}} \cdot \ldots \cdot A_n^{a_{1n}} - \cdots - \alpha_m \cdot A_1^{a_{m1}-a_{m2}} \cdot \ldots \cdot A_n^{a_{mn}} = 0$ stößt. Das heißt aber, es gibt stets eine Darstellung $s(x_1, \ldots x_n) = p(A_1, \ldots A_n)$. — Ist ferner $s(x_1, \ldots x_n) = p(A_1, \ldots A_n) = q(A_1, \ldots A_n)$, ist also $p(A_1, \ldots A_n) - q(A_1, \ldots A_n) = r(A_1, \ldots A_n) = R(x_1, \ldots x_n)$ identisch gleich Null in den Unbestimmten $x_1, \ldots x_n$, so muß $r(A_1, \ldots A_n)$ auch in den unbestimmt gedachten Größen $A_1, \ldots A_n$ identisch gleich Null sein, weil, wie aus Hilfsbemerkung b) zu ersehen, zwei verschiedene Potenzprodukte $A_1^{i_1} \cdot \ldots \cdot A_n^{i_n}$ und $A_1^{k_1} \cdot \ldots \cdot A_n^{k_n}$ stets als Polynome in $x_1, \ldots x_n$ verschiedene höchste Glieder besitzen. Die Darstellung $s(x_1, \ldots x_n) = p(A_1, \ldots A_n)$ ist also eindeutig bestimmt.

§ 7. Restklassen, insbesondere nach Polynomen.

Es sei $\mathfrak{R}$ ein beliebiger Ring, m ein Element aus $\mathfrak{R}$. Die Elemente a und b aus $\mathfrak{R}$ heißen „modulo m kongruent" und wir schreiben $a \equiv b(m)$, wenn die Differenz $a - b$ durch m teilbar ist. Unter der „Restklasse" $\bar{a}$ (nach m) verstehen wir die Menge aller der Elemente, die zu dem Element a modulo m kongruent sind. Eine Restklasse ist durch die Angabe eines beliebigen „Repräsentanten" (d. h. eines beliebigen in ihr enthaltenen Elementes) eindeutig bestimmt.

Ist $a \equiv b(m)$, $a' \equiv b'(m)$, so gilt, wie leicht zu sehen:

$$a \pm a' \equiv b \pm b'(m) \tag{1}$$

$$a \cdot a' \equiv b \cdot b'(m). \tag{2}$$

Auf Grund der Formeln (1) und (2) kann man eindeutig definieren: Unter der Summe (der Differenz, dem Produkt) der Restklassen $\bar{a}$ und $\bar{b}$ soll die eindeutig bestimmte Restklasse verstanden werden, die man erhält, wenn man zwei beliebige Repräsentanten a und b von $\bar{a}$ und $\bar{b}$ addiert (subtrahiert, multipliziert) und die durch das entstehende Element repräsentierte Restklasse bildet. In Formeln

$$\bar{a} \pm \bar{b} = \overline{a \pm b} \tag{3}$$

$$\bar{a} \cdot \bar{b} = \overline{a \cdot b}. \tag{4}$$

In dem System $\overline{\mathfrak{R}}$ der Restklassen nach m können auf Grund unserer Festsetzungen Addition, Subtraktion und Multiplikation unbeschränkt ausgeführt werden, auch enthält $\overline{\mathfrak{R}}$

die fur jedes $\bar{a}$ den Gleichungen $a + 0 = a$ und $a \cdot 1 = a$ genugenden Restklassen $\bar{0}$ und $\bar{1}$. Das System $\bar{\mathfrak{R}}$ bildet also einen Ring, den „Restklassenring modulo m". Allein die Bedingung, daß ein Produkt nur dann gleich Null (d. h. gleich der Klasse 0) werden kann, wenn mindestens ein Faktor gleich Null ist, braucht nicht immer erfullt zu sein.

Betrachten wir z. B. den fur uns weitaus wichtigsten Spezialfall, daß $\mathfrak{R} = \mathfrak{K}[x]$ der Polynomring einer Variabeln x uber einem Korper $\mathfrak{K}$ ist, und wahlen wir fur m ein Polynom $m(x)$, das als Produkt zweier Polynome $a(x)$ und $b(x)$ von niedrigerem Grad als $m(x)$ darstellbar ist, $m(x) = a(x) \cdot b(x)$, so ist $\overline{a(x)} \neq \bar{0}$, $\overline{b(x)} \neq \bar{0}$, wahrend $\overline{a(x)} \cdot \overline{b(x)} = \overline{a(x) \cdot b(x)} = \overline{m(x)} = \bar{0}$ wird.

Ist aber $m(x)$ unzerlegbar, so bedeutet $\overline{a(x)} \neq \bar{0}$, $\overline{b(x)} \neq \bar{0}$ die Teilerfremdheit von $a(x)$ und $b(x)$ zu $m(x)$ und nach § 3 muß dann stets auch $a(x) \cdot b(x)$ zu $m(x)$ teilerfremd und mithin $\overline{a(x)} \cdot \overline{b(x)} = \overline{a(x) \cdot b(x)} \neq \bar{0}$ sein. — Über diese wichtige Bemerkung hinaus beweisen wir den

Hauptsatz: Ist $m(x) = p(x)$ ein unzerlegbares Polynom, so ist der zu $p(x)$ gehorige Restklassenring $\bar{\mathfrak{R}} \equiv \bar{\mathfrak{K}}$ ein Korper.

Zum Beweise ist nur zu zeigen, daß es zu jeder Restklasse $\overline{a(x)} \neq \bar{0}$ eine reziproke Restklasse $\overline{a(x)}^{-1}$ gibt, fur die $\overline{a(x)} \cdot \overline{a(x)}^{-1} = \bar{1}$ wird. — Nach § 3 ist das durch $p(x)$ unteilbare Polynom $a(x)$ zu $p(x)$ teilerfremd, und es gilt eine Gleichung $B(x) \cdot p(x) + C(x) \cdot a(x) = 1$. Übergang zu den Restklassen nach $p(x)$ ergibt sofort $\bar{1} = \bar{0} + \overline{C(x)} \cdot \overline{a(x)}$, $\overline{C(x)} = \overline{a(x)}^{-1}$.

In keiner Restklasse nach $p(x)$ treten zwei verschiedene Elemente aus $\mathfrak{K}$ auf. Unter diesen Umstanden kann aber jede Restklasse $\bar{\alpha}$, die ein Element α aus $\mathfrak{K}$ enthalt, geradezu mit diesem Element identifiziert werden, d. h. man kann in jeder Formel, in der $\bar{x}$ auftritt, einfach den Querstrich weglassen. $\overline{\mathfrak{K}}$ erscheint dann als ein Oberkorper von $\mathfrak{K}$. Die Bedeutung dieser Auffassung wird erst an spaterer Stelle (§ 25) zu wurdigen sein.

§ 8. Restklassen nach ganzen Zahlen, Körper von Primzahlcharakteristik.

Bilden wir zum Ringe $\Re_0$ der ganzen Zahlen den Restklassenring $\overline{\Re}_0 = \overline{\mathfrak{K}}_p$ nach irgend einer Primzahl p, so erweist sich $\overline{\mathfrak{K}}_p$ ebenso wie in § 7 der Ring $\overline{\mathfrak{K}}$ als Korper. Ist namlich a eine beliebige durch p unteilbare Zahl, so ist nach dem „kleinen Fermatschen Lehrsatz"[1]) $a^{p-1} \equiv 1(p)$ und somit $\bar{a} \cdot \overline{a^{p-2}} = \bar{1}$ in $\overline{\mathfrak{K}}_p$. Naturlich kann man zu $\overline{\mathfrak{K}}_p$ genau so den Polynomring $\overline{\mathfrak{K}}_p[x]$ bilden, wie zu irgend einem anderen Korper $\mathfrak{K}$, und es gelten dann die Satze von § 3, 4, 7 ohne jede Anderung des Wortlautes. Dagegen unterscheidet sich $\overline{\mathfrak{K}}_p$ in einem anderen wichtigen Punkte von den Korpern, auf deren Betrachtung wir uns nach § 1 im allgemeinen beschranken wollen: $\overline{\mathfrak{K}}_p$ enthalt weder von vornherein die Zahl 1, noch ist es moglich, nachtraglich das multiplikative Einheitselement $\bar{1}$ von $\overline{\mathfrak{K}}_p$ mit 1 zu identifizieren. Wahrend namlich die „naturlichen Vielfachen" der Zahl 1, also die Zahlen $2 = 1 + 1$, $3 = 1 + 1 + 1$, usw. alle untereinander und von Null verschieden sind, genugen in $\overline{\mathfrak{K}}_p$ zwar die Elemente $\bar{1} = 1 \times \bar{1}$, $\bar{1} + \bar{1} = 2 \times \bar{1} = \bar{2}, \ldots,$ $(p-1) \times \bar{1} = \overline{p-1}$ dieser Bedingung, aber es wird $p \times \bar{1} = \bar{p} = \bar{0}$, $(p+1) \times \bar{1} = \overline{p+1} = \bar{1}, \ldots$ usw. Die Beobachtung, daß es Korper gibt, bei denen unter den naturlichen Vielfachen des multiplikativen Einselementes $\bar{1}$ das Nullelement $\bar{0}$ auftritt, fuhrt nun zu einer wichtigen Einteilung. Wir unterscheiden: a) Korper, bei denen die naturlichen Vielfachen von $\bar{1}$, also $\bar{1}, \bar{1} + \bar{1}, \bar{1} + \bar{1} + \bar{1}, \ldots$ usw. alle verschieden sind, bei denen also aus $n \times \bar{a} = n \times (\bar{1} \cdot \bar{a}) = (n \times \bar{1}) \cdot \bar{a} = \bar{0}$ stets folgt $\bar{a} = \bar{0}$. Von solchen Korpern sagt man, sie haben die Charakteristik 0. Bei ihnen ist es, wie leicht zu sehen, immer moglich, $\bar{1}$ mit der Zahl 1 zu identifizieren, und man kann dementsprechend auch sagen: Die Korper der Charakteristik 0 sind diejenigen Korper, die sich als Oberkörper des Korpers $\mathfrak{K}_0$

[1]) A. Scholz, Einführung in die Zahlentheorie, Göschen 1131, § 17.

der rationalen Zahlen auffassen lassen. b) Korper, bei denen die naturlichen Vielfachen von $\overline{1}$ nicht alle verschieden sind. Bei einem derartigen Korper $\mathfrak{K}$ muß, wie ganz leicht zu zeigen, stets fur eine gewisse Primzahl p das naturliche Vielfache $p \times \overline{1}$ gleich $\overline{0}$ werden, wahrend $\overline{1}, 2 \times \overline{1}, \ldots, (p-1) \times \overline{1}$ alle untereinander und von $\overline{0}$ verschieden sind. Man schreibt dann $\mathfrak{K}$ die Charakteristik p zu. Im folgenden beschranken wir uns, soweit nichts anderes ausdrucklich bemerkt wird, stillschweigend auf Korper der Charakteristik 0.

Abschnitt II. Nullstellen und Zerlegung von Polynomen.

§ 9. Nullstellen. Algebraisch abgeschlossene Körper.

Es sei $\mathfrak{P}$ der Polynomring in einer Unbestimmten x über einem beliebigen Beiwertkorper $\mathfrak{K}$. Wo nichts anderes ausdrücklich bemerkt wird, sind alle auftretenden Polynome als normiert anzusehen. α aus $\mathfrak{K}$ heißt „Nullstelle“ oder „Wurzel“ des Polynoms $p(x) = x^n + a_1 x^{n-1} + \cdots + a_n$, wenn $x = \alpha$ eine Losung der Gleichung $p(x) = 0$ ist, wenn also $p(\alpha) = \alpha^n + a_1\alpha^{n-1} + \cdots + a_n = 0$ wird. — Ist α beliebig aus $\mathfrak{K}$, so gilt nach dem Ausdivisionssatz von § 3 eine Gleichung $p(x) = (x-\alpha) \cdot q(x) + r$, wobei der Rest r zu $\mathfrak{K}$ gehort. Man erhalt nun sofort $p(\alpha) = r$, und daraus folgt insbesondere:

α ist dann und nur dann eine Nullstelle von $p(x)$, wenn $p(x)$ durch $x - \alpha$ teilbar ist.

Die Berechnung des Restes r bei gegebenem $p(x)$ und gegebenem $x - \alpha$ wird durch die folgende Überlegung sehr vereinfacht.

Angenommen, es sei bereits gefunden:

$$p(x) = a_0 x^n + a_1 x^{n-1} + \cdots + a_n = (x-\alpha) \cdot q_{n-m}(x) + b_{n-m} x^m + b_{n-m+1} x^{m-1} + \cdots + b_n.$$

$$(m < n;\; q_{n-m}(x) = c_1 x^{n-1} + c_2 x^{n-2} + \cdots + c_{n-m} x^m).$$

Dann ist $b_i = a_i$ $(i = n - m + 1,\ n - m + 2, \ldots n)$, und man erhält beim nächsten Schritt:

$$p(x) = (x - \alpha) \cdot (q_{n-m}(x) + b_{n-m} x^{m-1}) +$$
$$(a_{n-m+1} + b_{n-m}\alpha) \cdot x^{m-1} + a_{n-m+2} x^{m-2} + \cdots + a_n.$$

Daraus folgt aber: Man bilde zu der Beiwertfolge $a_0, a_1, \ldots a_n$ von $p(x)$ die durch die Festsetzung $b_0 = a_0$, $b_i = a_i + b_{i-1}\alpha$ $(i = 1, 2, \ldots)$ schrittweise definierte Zahlenfolge $b_0, b_1, \ldots b_n$. Dann wird $b_n = p(\alpha) = r$ der gesuchte Rest Am einfachsten benutzt man zur Bestimmung der b_i die folgende Anschreibweise („Hornersches Schema"):

$$\alpha \left|\begin{array}{l} a_0\, a_1\, a_2 \ldots a_n \\ \hline b_0\, b_1\, b_2 \ldots (b_n \end{array}\right.$$

(Die obere Zeile wird sofort hingeschrieben, die untere gliedweise von links nach rechts berechnet.) Beispiel:

$$+2 \begin{array}{cccccc} 3 & 0 - & 2 & 5 & 0 - & 1 \\ \hline 3 + & 6 + & 10 + & 25 + & 50\,(+ & 99 \end{array}$$

d. h. $p(2) = 99$ für $p(x) = 3x^5 - 2x^3 + 5x^2 - 1$.

Der Nullstelle α von $p(x)$ wird die „Vielfachheit" i zugeschrieben, wenn das Polynom $p(x)$ den Linearfaktor $x - \alpha$ genau in der i-ten Potenz enthält: $p(x) = (x - \alpha)^i \cdot q(x)$ $q(\alpha) \neq 0$. Aus dem Zerlegungssatz von § 4 folgt sofort:

Zählt man jede Nullstelle so oft, wie ihre Vielfachheit angibt, so ist die Anzahl der Nullstellen, die ein beliebiges Polynom $p(x)$ über $\mathfrak{K}$ besitzt, stets gleich der Anzahl der Linearfaktoren (Faktoren ersten Grades), die bei der Zerlegung von $p(x)$ in über $\mathfrak{K}$ unzerlegbare Faktoren auftreten. *Die Nullstellenzahl von $p(x)$ ist nie größer als der Grad n von $p(x)$. Sie ist (bei Berücksichtigung der Vielfachheiten) dann und nur dann genau gleich n, wenn alle unzerlegbaren Faktoren von $p(x)$ linear sind.*

$p(x) = x^n - a_1 x^{n-1} + a_2 x^{n-2} - a_3 x^{n-3} + \cdots + (-1)^n a_n$ sei jetzt irgend ein Polynom mit Beiwerten aus einem beliebigen Körper $\mathfrak{K}$, das über einem geeigneten Oberkörper $\mathfrak{L}$

von $\mathfrak{K}$ in Linearfaktoren zerfallt: $p(x) = (x-\alpha_1)\cdot(x-\alpha_2)\cdot \ldots \cdot (x-\alpha_n)$. Unter $A_i(x_1, \ldots, x_n)$ $(i = 1, \ldots, n)$ sollen wie in § 6 die symmetrischen Grundfunktionen in n Unbestimmten verstanden werden. Dann uberzeugt man sich muhelos, daß bei unserer Festlegung der Vorzeichen der Beiwerte von $p(x)$ die folgenden Gleichungen gelten.

(1) $$a_i = A_i(\alpha_1, \ldots, \alpha_n) \quad (i = 1, \ldots, n).$$

Aus (1) folgt sofort der fur die algebraische Gleichungstheorie grundlegende Satz:

Es sei $s(x_1, \ldots, x_n)$ eine symmetrische Funktion uber dem Beiwertkorper $\mathfrak{K}$ von $p(x)$. Dann ist $s(\alpha_1, \ldots, \alpha_n)$ immer ein Element von $\mathfrak{K}$, auch wenn die Wurzeln $\alpha_1, \ldots, \alpha_n$ von $p(x)$ nicht alle zu $\mathfrak{K}$ gehoren.

In der Tat, nach dem Hauptsatz vom § 6 gilt eine Gleichung $s(x_1, \ldots, x_n) = q(A_1(x_1, \ldots, x_n), \ldots, A_n(x_1, \ldots, x_n))$ und nach (1) wird infolgedessen $s(\alpha_1, \ldots, \alpha_n) = q(a_1, \ldots, a_n)$.

Der Korper $\mathfrak{K}$ heißt „algebraisch abgeschlossen", wenn alle Polynome $p(x)$ mit Beiwerten aus $\mathfrak{K}$ uber $\mathfrak{K}$ in Linearfaktoren zerfallen, wenn also jedes Polynom $p(x)$ mit Beiwerten aus $\mathfrak{K}$ bei Berucksichtigung der Vielfachheiten in $\mathfrak{K}$ genau so viel Nullstellen besitzt, wie sein Grad angibt.

Weder der Korper $\mathfrak{K}_0$ aller rationalen noch der Korper $\mathfrak{K}_r$ aller reellen Zahlen ist algebraisch abgeschlossen, denn es besitzt z. B. das Polynom $x^2 + 1$ weder in $\mathfrak{K}_0$ noch in $\mathfrak{K}_r$ einen Linearfaktor. Dagegen besagt der zuerst von Gauß bewiesene „Fundamentalsatz der Algebra": *Der Korper $\mathfrak{K}_k$ aller reellen und komplexen Zahlen ist algebraisch abgeschlossen.* Wir verschieben den Beweis, der notgedrungen die Stetigkeitseigenschaften des Korpers $\mathfrak{K}_k$ benutzt, und infolgedessen wenigstens teilweise in das Gebiet der Analysis gehort, in den Anhang. Fur die moderne Algebra, die vielfach mit Korpern zu arbeiten gezwungen ist, die weder Unterkörper von $\mathfrak{K}_r$ noch $\mathfrak{K}_k$ sind, ist der Gaußsche Fundamentalsatz weniger wichtig als ein allgemeines Theorem, das wir in § 25 kennenlernen werden, und nach dem auf rein algebraischem Weg zu jedem beliebigen Korper $\mathfrak{K}$ und jedem fest vorgegebenen Polynom $p(x)$ mit Beiwerten aus $\mathfrak{K}$ ein Oberkorper $\mathfrak{L}$ so konstruiert werden kann, daß $p(x)$ uber $\mathfrak{L}$ in Linearfaktoren zerfallt.

§ 10. Ableitung und mehrfache Nullstellen. Die Diskriminante.

Es sei $\mathfrak{P}$ der Polynomring in x über irgend einem Beiwertkörper $\mathfrak{K}$. Unter der Ableitung $p'(x)$ von $p(x) = a_0 x^n + a_1 x^{n-1} + \cdots + a_n$ verstehen wir wie in der Differentialrechnung das gleichzeitig mit $p(x)$ zu $\mathfrak{P}$ gehörige Polynom

$$n \cdot a_0 x^{n-1} + (n-1) \cdot a_1 x^{n-2} + \cdots + a_{n-1}.$$

Es gelten dann die bekannten, auch rein algebraisch leicht verifizierbaren Formeln:

$$(1) \qquad \begin{aligned} &(p(x) + q(x))' = p'(x) + q'(x); \\ &(p(x) \cdot q(x))' = p'(x) \cdot q(x) + p(x) \cdot q'(x); \\ &(p(x)^m)' = m \cdot p(x)^{m-1} \cdot p'(x). \end{aligned}$$

Aus (1) folgt sofort: Es sei $p(x)$ ein unzerlegbarer Faktor von $a(x)$, und zwar ein m-facher Faktor, es sei also $a(x) = p(x)^m \cdot b(x)$ mit zu $p(x)$ teilerfremdem $b(x)$. Dann ist $p(x)$ ein $(m-1)$-facher Faktor von $a'(x)$.

In der Tat, nach (1) ist $a'(x) = p(x)^{m-1} \cdot (m \cdot p'(x) \cdot b(x) + p(x) \cdot b'(x)) = p(x)^{m-1} \cdot r(x)$, und es ist dabei $r(x)$ zu $p(x)$ teilerfremd, weil in dem Summanden $m \cdot p'(x) \cdot b(x)$ nicht nur $b(x)$, sondern auch $p'(x)$ durch $p(x)$ unteilbar ist. (Man beachte die Unzerlegbarkeit von $p(x)$ und die Tatsache, daß der Grad von $p'(x)$ kleiner ist als der von $p(x)$.) — Aus der hiermit bewiesenen Grundeigenschaft von $a'(x)$ ergibt sich unmittelbar:

Es sei $a(x) = p_1(x)^{r_1} \cdot \ldots \cdot p_s(x)^{r_s}$ die Zerlegung von $a(x)$ in Potenzen paarweise teilerfremder unzerlegbarer Faktoren, und es werde $a^*(x) = p_1(x) \cdot \ldots \cdot p_s(x)$ gesetzt; $t(x)$ bedeute den gr. g. T. von $a(x)$ und $a'(x)$. Dann ist $t(x) = p_1(x)^{r_1-1} \cdot \ldots \cdot p_s(x)^{r_s-1}$, $a^*(x) = a(x) : t(x)$. Die Berechnung von $a^*(x)$ aus $a(x)$, die „Befreiung des Polynoms $a(x)$ von mehrfachen Faktoren“, erfordert also nur die Ausführung einer Reihe von Divisionen, nicht aber die Bestimmung der einzelnen unzerlegbaren Faktoren $p_i(x)$.

Es sei ferner $\tilde{\mathfrak{P}}$ der Polynomring, der aus $\mathfrak{P}$ entsteht, wenn man den Beiwertkörper $\mathfrak{K}$ durch irgend einen Oberkörper $\tilde{\mathfrak{K}}$ ersetzt. Dann erhält man den Satz: Besitzt das Polynom $a(x)$ in $\mathfrak{P}$ keine mehrfachen Faktoren, so besitzt es auch keine in $\tilde{\mathfrak{P}}$. — Denn die Einfachheit aller unzerlegbaren Faktoren von $a(x)$ ist ja völlig gleichwertig mit der Teilerfremdheit von $a(x)$ und $a'(x)$; sind aber $a(x)$ und $a'(x)$ in $\mathfrak{P}$ teilerfremd, so sind sie es auch in $\tilde{\mathfrak{P}}$. Als wichtige spezielle Anwendung unseres allgemeinen Satzes sei hervorgehoben: Ein unzerlegbares Polynom besitzt keine mehrfachen Nullstellen.

Unter der Diskriminante des Polynoms $p(x) = x^n - a_1 x^{n-1} + \cdots + (-1)^n a_n$ vom Grade n mit den Beiwerten $(-1)^i \cdot a_i$ und mit den Wurzeln α_i versteht man den Ausdruck:

$$(2) \qquad d = ((\alpha_1 - \alpha_2) \cdot (\alpha_1 - \alpha_3) \cdot \ldots \cdot (\alpha_1 - \alpha_n) \cdot (\alpha_2 - \alpha_3) \cdot \ldots \cdot (\alpha_2 - \alpha_n) \cdot \ldots \cdot (\alpha_{n-1} - \alpha_n))^2 = \prod_{i<k} (\alpha_i - \alpha_k)^2.$$

Die Anzahl der Faktoren $(\alpha_i - \alpha_k)^2$, aus denen sich d zusammensetzt, ist offenbar gleich $(n-1) + (n-2) + \cdots + 1 = \frac{n(n-1)}{2}$. Beachtet man die Gleichungen $(\alpha_i - \alpha_k)^2 = -(\alpha_i - \alpha_k) \cdot (\alpha_k - \alpha_i)$ $(i, k = 1, \ldots n)$, so erhält man für d die zweite Darstellung:

$$(3) \qquad d = (-1)^{\frac{n(n-1)}{2}} \cdot \prod_{i \neq k} (\alpha_i - \alpha_k) \quad (i, k = 1, \ldots n)$$

Aus (3) folgt sofort, daß d eine symmetrische Funktion der α_i ist. Denn bei einer beliebigen Vertauschung der α_i vertauschen sich die Faktoren des Produkts $\prod_{i \neq k} (\alpha_i - \alpha_k)$ nur untereinander. Versteht man ferner unter $p'(x)$ die Ableitung des Polynoms $p(x)$, so ergibt sich aus (3) die wichtige Gleichung:

$$(4) \qquad d = (-1)^{\frac{n(n-1)}{2}} \cdot p'(\alpha_1) \cdot p'(\alpha_2) \cdot \ldots \cdot p'(\alpha_n).$$

Denn aus den Formeln (1) folgt sofort: $p'(\alpha_i) = (\alpha_i - \alpha_1) \cdot \ldots \cdot (\alpha_i - \alpha_{i-1}) \cdot (\alpha_i - \alpha_{i+1}) \cdot \ldots \cdot (\alpha_i - \alpha_n)$. — Als symmetrische Funktion der Wurzeln α_i ist die Diskriminante d ein Polynom in den Beiwerten $(-1)^i \cdot a_i$, also $d = P(a_1, \ldots a_n)$. Aus (2) ergibt sich unmittelbar die folgende Grundeigenschaft der Diskriminante *Bildet man die Diskriminante d (also das Polynom $P(a_1, \ldots a_n)$) zu irgend einem speziell gegebenen Polynom $p(x) = x^n - a_1 x^{n-1} + \cdots \pm a_n$, so wird dann und nur dann $d = 0$, wenn $p(x)$ eine mehrfache Wurzel besitzt.*

Über die praktische Bedeutung der Diskriminante fur einige wichtige Klassen von Polynomen vgl. den Band II.

§ 11. Nullstellen und Nichtnullstellen bei Polynomen in mehreren Veränderlichen.

Wir betrachten echte, d. h. nicht nur aus dem konstanten Glied bestehende und von Null verschiedene Polynome in n Veranderlichen $x_1, \ldots, x_n$ uber dem Korper $\mathfrak{K}_k$ aller komplexen Zahlen oder auch uber einem ganz beliebigen algebraisch abgeschlossenen Beiwertkorper $\mathfrak{K}$. Ein Werte-n-Tupel $\alpha_1, \ldots, \alpha_n$ aus $\mathfrak{K}$ heißt Nullstelle des Polynoms $a(x_1, \ldots, x_n)$, wenn $a(\alpha_1, \ldots, \alpha_n) = 0$. Der Satz, daß ein Polynom g-ten Grades in einer einzigen Variabeln x hochstens g verschiedene Nullstellen besitzt, kann dann zu folgendem „Nichtnullstellensatz" verallgemeinert werden:

Es sei g_i jeweils der hochste Exponent, mit dem x_i im Polynom $a(x_1, \ldots, x_n)$ auftritt, $\beta_{ik} (i = 1, \ldots, n;\ k = 1, \ldots, g_i + 1)$ seien $(g_1 + 1) + \cdots + (g_n + 1)$ Elemente aus $\mathfrak{K}$, die der Bedingung genugen, daß fur jedes feste i die Elemente $\beta_{i1} \ldots,$

$\beta_{i g_i+1}$ *alle verschieden sind. Dann gibt es stets mindestens ein System* $\beta_{1k_1}, \ldots, \beta_{nk_n}$, *das nicht Nullstelle von* $a(x_1, \ldots, x_n)$ *ist, für das also* $a(\beta_{1k_1}, \ldots, \beta_{nk_n}) \neq 0$ *wird.*

In der Tat, für $n = 1$ ist die Behauptung richtig, wir dürfen daher ihre Richtigkeit für $n - 1$ annehmen und vollständige Induktion anwenden. Entwickeln wir nun $a(x_1, \ldots, x_n)$ nach x_n. $a(x_1, \ldots, x_n) = a_{g_n}(x_1, \ldots, x_{n-1}) \cdot x_n^{g_n} + a_{g_n-1}(x_1, \ldots, x_{n-1}) \cdot x_n^{g_n-1} + \cdots + a_0(x_1, \ldots, x_{n-1})$, so sehen wir, daß für mindestens ein Wertsystem $\beta_{1k_1}, \ldots, \beta_{n-1k_{n-1}}$ sicher $a_{g_n}(\beta_{1k_1}, \ldots, \beta_{n-1k_{n-1}}) \neq 0$ und somit $A(x_n) = a(\beta_{1k_1}, \ldots, \beta_{n-1k_{n-1}}, x_n)$ ein Polynom g_n-ten Grades in x_n allein wird. Daraus folgt aber sofort weiter, daß für mindestens ein β_{nk_n} notwendig $A(\beta_{nk_n}) = a(\beta_{1k_1}, \ldots, \beta_{nk_n}) \neq 0$ wird. — Aus dem Nichtnullstellensatz ergibt sich als nächste Anwendung sofort. Für $n \geqq 2$ hat jedes Polynom $a(x_1, \ldots, x_n)$ von positivem Endgrad unendlich viele Nullstellen. Enthält nämlich etwa $a(x_1, \ldots, x_n)$ die Unbestimmte x_n wirklich, ist also $a(x_1, \ldots, x_n) = a_g(x_1, \ldots, x_{n-1}) x_n^g + \cdots + a_0(x_1, \ldots, x_{n-1})$ $(a_g \neq 0,$ $g > 0)$, so gibt es nach dem Nichtnullstellensatz jedenfalls unendlich viele verschiedene Wertsysteme $\alpha_1, \ldots, \alpha_{n-1}$ der art, daß $a_g(\alpha_1, \ldots, \alpha_{n-1}) \neq 0$ und dementsprechend $a(\alpha_1, \ldots, \alpha_{n-1}, x_n) = A(x_n)$ ein Polynom g-ten Grades in x_n allein wird. Da ferner $\mathfrak{K}$ algebraisch abgeschlossen angenommen war, hat $A(x_n)$ in $\mathfrak{K}$ mindestens eine Nullstelle α_n, es kann daher jedes der unendlich vielen Wertsysteme $\alpha_1, \ldots, \alpha_{n-1}$ zu einer Nullstelle $\alpha_1, \ldots, \alpha_{n-1}, \alpha_n$ von $a(x_1, \ldots, x_n)$ ergänzt werden.

§ 12. Nullstellen und Unzerlegbarkeit rationalzahliger Polynome.

Während bisher der Beiwertkörper beliebig sein konnte, ist es für die folgenden Betrachtungen wesentlich, daß wir uns auf den Beiwertkörper $\mathfrak{K}_0$ der rationalen Zahlen beschranken. Wir müssen uns nämlich auf den wohlbekannten Satz stützen, daß jede ganze rationale Zahl bis auf die Vorzeichen eindeutig als Produkt von Primzahlen dargestellt werden kann. — Es sei $\mathfrak{P}_0$ der Polynomring in x über $\mathfrak{K}_0$. Wir stellen uns die Aufgabe, 1) die zu $\mathfrak{K}_0$ gehörigen Nullstellen der Polynome aus $\mathfrak{P}_0$ zu bestimmen, 2) für diese Polynome Unzerlegbarkeitsbedingungen aufzusuchen, und schließlich 3) eine Methode zu entwickeln, die es gestattet, bei einem beliebigen Polynom $a(x)$ aus $\mathfrak{P}_0$ rechnerisch die Zerlegung in unzerlegbare Faktoren durchzuführen. (Lösung der Aufgabe 3 erst in § 13.)

Ein Polynom $a(x)$ aus $\mathfrak{P}_0$ heißt „primitiv", wenn seine Beiwerte ganze Zahlen mit dem gr. g. T. 1 sind. Zu jedem Polynom $\alpha(x)$ aus $\mathfrak{P}_0$ gibt es ein und, vom Vorzeichen abgesehen, auch nur ein primitives Polynom $a(x) = \varrho \cdot \alpha(x)$, das sich von $\alpha(x)$ nur um einen Faktor ϱ aus $\mathfrak{K}_0$, also in der Ausdrucksweise von § 3 „nicht wesentlich", unterscheidet.

Beispiel: $\alpha(x) = 6x^3 + \frac{3}{5}x^2 + \frac{21}{2}x + \frac{12}{25}$; $\varrho = \pm\frac{50}{3}$;

$a(x) = \varrho \cdot \alpha(x) = \pm(100x^3 + 10x^2 + 175x + 8)$. — Grundlegend für unsre Untersuchungen ist der

Satz von Gauß. *Sind* $a(x) = a_l x^l + a_{l-1}x^{l-1} + \cdots + a_0$, $b(x) = b_m x^m + b_{m-1}x^{m-1} + \cdots + b_0$ *primitive Polynome, so ist auch* $c(x) = a(x) \cdot b(x) = c_n x^n + c_{n-1}x^{n-1} + \cdots + c_0$ $(n = l + m)$ *primitiv.*

Da die c_i sicher ganz sind, brauchen wir nur zu beweisen, daß sie den gr. g. T. 1 besitzen. Dazu genügt es aber angesichts des für die ganzen Zahlen gültigen Primzahlzerlegungssatzes, wenn wir zeigen:

Sei p eine beliebige Primzahl. Dann folgt aus der Tatsache, daß weder alle a_i noch alle b_i durch p teilbar sind, stets, daß auch nicht alle c_i durch p teilbar sein können.

Es sei etwa a_r durch p unteilbar, während $a_{r-1}, a_{r-2}, \ldots a_0$ durch p teilbar sind, es sei also in der üblichen Schreibweise der Zahlentheorie $a_r \not\equiv 0(p)$, $a_{r-1} \equiv a_{r-2} \equiv \cdots \equiv a_0 \equiv 0(p)$; entsprechend sei $b_s \not\equiv 0(p)$, $b_{s-1} \equiv b_{s-2} \equiv \cdots \equiv b_0 \equiv 0(p)$. $(r \leqq l, s \leqq m)$. Zur Vereinfachung der Bezeichnung werde $a_{l+1} = a_{l+2} = \cdots = b_{m+1} = b_{m+2} = \cdots = 0$ gesetzt. Dann hat man:

$$(1) \qquad c_{r+s} = a_r \cdot b_s + a_{r-1} \cdot b_{s+1} + \cdots + a_0 \cdot b_{r+s} + a_{r+1} \cdot b_{s-1} + \cdots + a_{r+s} \cdot b_0,$$

und daraus folgt sofort $c_{r+s} \not\equiv 0(p)$, weil in (1) auf der rechten Seite der erste Summand als Produkt zweier durch p unteilbarer Zahlen selbst durch p unteilbar ist, während alle übrigen Summanden durch p teilbar sind.

Es sei nun in $\mathfrak{P}_0$ das primitive Polynom $c(x)$ Produkt zweier beliebiger Polynome $\alpha(x)$ und $\beta(x)$, und es seien die rationalen Zahlen ϱ und σ so bestimmt, daß die Polynome $a(x) = \varrho \cdot \alpha(x)$ und $b(x) = \sigma \cdot \beta(x)$ primitiv werden. Dann ist nach dem Gaußschen Satz auch $a(x) \cdot b(x) = (\varrho \cdot \sigma) \cdot c(x)$ primitiv, und daraus folgt sofort, daß entweder $a(x) \cdot b(x) = c(x)$ oder $c(x) = (-a(x)) \cdot b(x)$ sein muß. Ist insbesondere $\alpha(x) = a(x)$ bereits primitiv, so wird $\varrho = \pm 1$ und damit auch $\sigma = \pm 1$. Das heißt aber: *In $\mathfrak{P}_0$ dürfen ohne wesentliche Einschränkung der Allgemeinheit bei jeder Faktorzerlegung eines primitiven Polynoms die Faktoren selbst primitiv angenommen werden. — Sind in der Gleichung $c(x) = a(x) \cdot b(x)$ die Polynome $c(x)$ und $a(x)$ primitiv, so ist stets auch $b(x)$ primitiv.*

Wir beweisen jetzt: Bei einer rationalen Nullstelle α eines ganzzahligen Polynoms $c(x) = c_n x^n + c_{n-1} x^{n-1} + \cdots + c_0$ ist der Zähler ein Teiler von c_0, der Nenner ein Teiler von c_n.

In der Tat, es sei $\alpha = \dfrac{z}{w}$ (z, w ganzzahlig und teilerfremd), t sei der gr. g. T. der Beiwerte von $c(x)$, so daß $t^{-1} \cdot c(x)$

primitiv wird. Dann gilt eine Gleichung $c(x) = t \cdot (wx - z) \cdot (b_{n-1}x^{n-1} + \cdots + b_0) = t \cdot (wx - z) \cdot b(x)$ mit ganzzahligem, ja sogar primitivem $b(x)$, und daraus folgt sofort $c_n = t \cdot w \cdot b_{n-1}$, $c_0 = -t \cdot z \cdot b_0$. — Ist insbesondere $c(x)$ ganzzahlig normiert ($c_n = 1$), so wird $w = \pm 1$, d h..

Jede rationale Nullstelle eines ganzzahligen, normierten Polynoms $c(x) = x^n + c_{n-1}x^{n-1} + \cdots + c_0$ ist ganzzahlig und ein Teiler von c_0.

Da jede ganze Zahl nur endlich viele verschiedene Teiler besitzt, gibt es nach unsern Satzen nur endlich viele rationale Zahlen, die als Nullstellen eines ganzzahligen Polynoms $c(x)$ in Betracht kommen, und man kann dementsprechend alle rationalen Nullstellen von $c(x)$ durch einfaches Durchprobieren bestimmen. (Dabei darf man nicht ubersehen, daß gleichzeitig mit α stets auch $-\alpha$ eine mogliche Nullstelle von $c(x)$ darstellt.) — Entsprechendes gilt fur die Bestimmung der rationalen Nullstellen eines beliebigen rationalzahligen Polynoms, da ein solches durch Multiplikation mit einem geeigneten Zahlfaktor ganzzahlig zu machen ist.

Wir wenden uns jetzt zum zweiten Programmpunkt, zur Aufstellung von Unzerlegbarkeitsbedingungen in $\mathfrak{P}_0$ — Der fur den Gaußschen Satz gegebene Beweis zeigt. Sind in $a(x) = a_l x^l + \cdots + a_0$ und $b(x) = b_m x^m + \cdots + b_0$ die Beiwerte a_l und b_m durch p unteilbar, so konnen in $a(x) \cdot b(x) = c(x) = c_n x^n + \cdots + c_0$ $(n = l + m)$ die Beiwerte c_{n-1}, $c_{n-2}, \ldots c_0$ nur dann alle durch p teilbar sein, wenn die Beiwerte $a_{l-1}, a_{l-2}, \ldots a_0, b_{m-1}, b_{m-2}, \ldots b_0$ alle durch p teilbar sind. Sind aber a_0 und b_0 beide durch p teilbar, so ist $c_0 = a_0 \cdot b_0$ sogar durch p^2 teilbar. Aus diesen Bemerkungen ergibt sich unmittelbar der

Unzerlegbarkeitssatz von Schonemann-Eisenstein: *Ist in dem ganzzahligen Polynom* $c(x) = c_n x^n + c_{n-1}x^{n-1} + \cdots + c_0$ *der Beiwert* c_n *durch* p *unteilbar, wahrend* $c_{n-1}, c_{n-2}, \ldots c_0$

durch p teilbar sind, so ist $c(x)$ sicher in $\mathfrak{P}_0$ unzerlegbar, wenn c_0 nicht durch p^2 teilbar ist.

Zum Beweis hat man nur zu bedenken, daß bei jeder Zerlegung von $c(x)$ in $\mathfrak{P}_0$ die Faktoren ganzzahlig angenommen werden dürfen. Als Anwendung des Schönemann-Eisensteinschen Satzes beweisen wir die für später wichtige Unzerlegbarkeit des „Kreisteilungspolynoms" $\pi(x) = \frac{x^p - 1}{x - 1}$ $= x^{p-1} + x^{p-2} + \cdots + 1$ (p Primzahl). Setzt man $x = y + 1$, so ergibt sich $\pi(x) = \pi(y+1) = \frac{(y+1)^p - 1}{y} = y^{p-1}$ $+ \binom{p}{1} y^{p-2} + \binom{p}{2} y^{p-3} + \cdots + \binom{p}{p-2} y + \binom{p}{p-1}$. Dabei sind die Binomialkoeffizienten[1])

$$\binom{p}{k} = \frac{p \cdot (p-1) \cdot \ldots \cdot (p-k+1)}{1 \cdot 2 \cdot \ldots \cdot k} \quad (k = 1, \ldots p-1)$$

alle durch p teilbar, da die Nennerfaktoren sämtlich zu der Primzahl p teilerfremd sind. Andererseits ist $\binom{p}{p-1} = p \not\equiv 0(p^2)$. Es ist also $\pi(x) = \pi(y+1) = P(y)$ als y-Polynom rationalzahlig unzerlegbar, und daraus folgt sofort, daß $\pi(x)$ auch als x-Polynom diese Eigenschaft besitzen muß, weil jede rationalzahlige Zerlegung $\pi(x) = m(x) \cdot n(x)$ eine entsprechende Zerlegung $P(y) = m(y+1) \cdot n(y+1)$ $= M(y) \cdot N(y)$ nach sich zieht.

§ 13. Interpolation. Faktorzerlegung ganzzahliger Polynome.

Die „Interpolationsaufgabe", mit der wir uns im folgenden beschäftigen, besteht, anschaulich ausgedrückt, in der Bestimmung eines Polynoms möglichst niedrigen Grades, das

[1]) Zur Bildung der Binomialkoeffizienten und zu ihren Teilbarkeitseigenschaften vgl. z. B. O. Haupt, Lehrbuch d. Algebra Bd. 1, Anhang, sowie S. 335/336.

an endlich vielen vorgegebenen Stellen vorgegebene Werte annimmt.

Genau gesagt: Es seien $u_1, \ldots u_{l+1}$ untereinander verschiedene Elemente aus einem beliebigen Korper $\mathfrak{K}$. Jedem u_i sei ein gleichfalls zu $\mathfrak{K}$ gehoriges a_i zugeordnet, wobei die a_i nicht alle verschieden zu sein brauchen. Dann soll ein Polynom $a(x)$ von hochstens l-tem Grade rational (also mit Hilfe der vier Grundrechnungsarten) so bestimmt werden, daß die $l+1$ Gleichungen $a(u_i) = a_i$ $(i = 1, \ldots l+1)$ gelten.

Zunachst zeigen wir: $a(x)$ ist, falls überhaupt vorhanden, eindeutig bestimmt. — Es seien namlich $a(x)$, $b(x)$ zwei Polynome hochstens l-ten Grades, fur die $a(u_i) = b(u_i) = a_i$ $(i = 1, \ldots l+1)$ wird. Dann hat $c(x) = a(x) - b(x)$ hochstens den Grad l, aber die $l+1$ verschiedenen Nullstellen u_i, und das ist nur moglich, wenn bei $c(x)$ alle Beiwerte gleich 0 sind, wenn also $a(x) = b(x)$ ist. — Es handelt sich nun noch darum, $a(x)$ bei gegebenen u_i und a_i wirklich zu konstruieren. Eine sehr elegante Losung dieser Aufgabe liefert die sogenannte „Lagrangesche Interpolationsformel“: Es sei $t(x) = \prod_{i=1}^{l+1} (x - u_i)$, so daß $t'(u_i) = (u_i - u_1) \cdot \ldots \cdot (u_i - u_{i-1}) \cdot (u_i - u_{i+1}) \cdot \ldots \cdot (u_i - u_{l+1})$ und $\frac{t(x)}{x - u_i} = (x - u_1) \cdot \ldots \cdot (x - u_{i-1}) \cdot (x - u_{i+1}) \cdot \ldots \cdot (x - u_{l+1})$ wird. Dann ist offenbar das gesuchte Polynom $a(x)$ gegeben durch

$$(1) \quad a(x) = \frac{a_1}{t'(u_1)} \cdot \frac{t(x)}{x - u_1} + \cdots + \frac{a_{l+1}}{t'(u_{l+1})} \cdot \frac{t(x)}{x - u_{l+1}}.$$

In der Praxis benutzt man an Stelle der Formel (1) zur Bestimmung von $a(x)$ besser eine altere, auf Newton zuruckgehende Methode. — $q_0(x) = a_1$ bzw. $a_1 + \frac{a_2 - a_1}{u_2 - u_1} \cdot (x - u_1) = q_1(x)$ ist ein Polynom hochstens nullten bzw. ersten Grades, fur das $q_0(u_1) = a_1$ bzw. $q_1(u_1) = a_1, q_1(u_2) = a_2$ wird. Angenommen nun, es sei $q_{k-1}(x)$ von höchstens $(k-1)$-

tem Grade bereits so bestimmt, daß die k Gleichungen $q_{k-1}(u_\iota) = a_\iota$ $(\iota = 1, \ldots k)$ gelten. Dann ist offenbar

$$(2)\quad \left\{\begin{aligned} & q_k(x) = q_{k-1}(x) + \\ & \frac{a_{k+1} - q_{k-1}(u_{k+1})}{(u_{k+1} - u_1)\cdot(u_{k+1} - u_2)\cdot\ldots\cdot(u_{k+1} - u_k)} \cdot \\ & (x - u_1)\cdot(x - u_2)\cdot\ldots\cdot(x - u_k) \end{aligned}\right.$$

ein Polynom höchstens k-ten Grades, für das $q_k(u_\iota) = a_\iota$ $(\iota = 1, \ldots k+1)$ wird. Die Anwendung der Formel (2) für $k = 1, 2, \ldots l$ führt also zu dem gesuchten Polynom $a(x) = q_l(x)$.

Wie man sieht, ist die Newtonsche Methode im Gegensatz zu der von Lagrange auf eine dauernde Erhöhung der Bedingungsgleichungszahl unter gleichzeitiger Erhöhung der Polynomgradzahl zugeschnitten. Eine derartige schrittweise Erhöhung liegt aber gerade bei den wichtigsten — in das Gebiet der Analysis gehörenden — Anwendungen der Interpolation in der Natur der Sache. (Man denke z. B. an die Approximation einer gegebenen Funktion durch Polynome zum Zwecke numerischer Integration.)

Rein algebraisch ist die Lösbarkeit des Interpolationsproblems von entscheidender Bedeutung für die Behandlung der am Anfang von § 12 unter 3) gestellten Aufgabe, also für den Beweis des folgenden Satzes:

Im Ringe $\mathfrak{P}_0$ aller rationalzahligen x-Polynome läßt sich jedes Polynom $c(x)$ auf rationalem Wege mit endlich vielen Schritten als Produkt von unzerlegbaren Faktoren darstellen.

Es sei n der Grad des vorgelegten Polynoms $c(x)$, das wir offenbar ganzzahlig primitiv annehmen dürfen; $u_1, \ldots, u_{l+1}$ $(l < n)$ seien $l+1$ verschiedene ganze Zahlen; $t_{\iota 1}, t_{\iota 2}, \ldots, t_{\iota \omega_\iota}$ seien die endlich vielen Teiler der ganzen Zahl $c(u_\iota)$. Ist dann $a(x)$ ein primitiver Teiler l-ten Grades von $c(x)$, so gilt eine Gleichung $c(x) = a(x)\cdot b(x)$ mit ganzzahligem $b(x)$, es muß also für $\iota = 1, \ldots, l+1$ stets $a(u_\iota)$ ein Teiler von $c(u_\iota)$ sein, $a(u_\iota) = t_{\iota k_\iota}$. — Sind andererseits die Zahlen $t_{\iota k_\iota}$ $(\iota = 1, \ldots, l+1)$ fest vorgeschrieben, so gibt es nach unsern Interpolationssätzen ein einziges, rational berechenbares Polynom $a(x)$ höchstens l-ten Grades, das den $l+1$ Gleichungen $a(u_\iota) = t_{\iota k_\iota}$ genügt. Das heißt aber:

Es gibt $\omega = \omega_1 \cdot \omega_2 \cdot \ldots \cdot \omega_{l+1}$ rational konstruierbare Polynome hochstens l-ten Grades $a_1(x), a_2(x), \ldots a_\omega(x)$, unter denen sich jeder primitive Teiler l-ten Grades von $c(x)$ befinden muß. Zur Bestimmung aller primitiven Teiler l-ten Grades hat man daher nur $c(x)$ durch die in der Reihe $a_1(x), a_2(x), \ldots a_\omega(x)$ vorkommenden primitiven Polynome auszudividieren. Man kann also jedenfalls rational mit endlich vielen Schritten alle primitiven Teiler von $c(x)$ ermitteln. Daß aber unter diesen Umstanden $c(x)$ rational mit endlich vielen Schritten als Produkt von rational unzerlegbaren Faktoren dargestellt werden kann, ist so leicht einzusehen, daß wir die Durchdenkung der Einzelheiten dem Leser uberlassen durfen.

Vom Standpunkt der Theorie sind offenbar die in § 12 besprochenen Satze nur spezielle Erganzungen zu dem allgemeinen Zerlegungssatz, den wir soeben bewiesen haben. Praktisch dagegen sind die Satze von § 12 der mannigfachsten Anwendungen fahig, wahrend der allgemeine Zerlegungssatz fast wertlos ist, weil die Zerlegung eines gegebenen Polynoms $c(x)$ nach der oben beschriebenen, grundsatzlich so einfachen Methode meistens an dem Umstand scheitert, daß die Anzahl der durchzuprobierenden moglichen Teiler von $c(x)$ ungeheuer groß wird.

§ 14. Nullstellen reeller Polynome. Der Sturmsche Satz.

Bei einem Polynom mit reellen Beiwerten, wo man weiß, daß alle Nullstellen al komplexe Zahlen gedeutet werden konnen (vgl. § 9), ist naturlich die beliebig genaue Berechnung dieser Nullstellen ein außerst wichtiges Problem. Und der Anfanger durfte sogar geneigt sein, hier eine Hauptaufgabe der Algebra zu sehen. In der Tat befinden wir uns aber auf einem Grenzgebiet, das zum großeren Teil in den Bereich der Analysis gehort. Man kann namlich in unserem Falle zwei Schritte unterscheiden. Es handelt sich darum, zunachst fur die gesuchte Nullstelle einen ersten Naherungswert zu finden, der dann anschließend bis zu der vorgegebenen, beliebig großen Genauigkeit zu verbessern ist. Dabei liegen die Dinge so, daß die praktisch wichtigsten Verbesserungsmethoden (Newtonsches Verfahren, regula falsi u. dergl.) ebenso gut auf transzendente wie auf algebraische Gleichungen angewandt werden können, also durchaus in die allgemeine Analysis gehören. Anders ist es allerdings bei der einleitenden Bestimmung eines ersten Näherungswertes. Hier müssen wir nur aus Platzmangel darauf verzichten, eine Reihe speziell auf Polynome zugeschnittene Verfahren (Graeffesche Methode, Lillesche geometrische Konstruktion) zu besprechen, und uns damit begnügen, ein wichtiges Teilproblem kurz zu behandeln, nämlich die Berechnung der Anzahl der Nullstellen eines reellzahligen Polynoms, die in ein vorgegebenes Intervall der reellen Zahlgeraden fallen[1]).

Es sei nun $f(x)$ ein fest gegebenes Polynom. Sollte $f(x)$ mehrfache Nullstellen besitzen, so können wir $f(x)$ nach § 10 auf rationalem Wege von diesen mehrfachen Nullstellen befreien. Wir dürfen und wollen daher von vornherein voraussetzen, daß alle Nullstellen von $f(x)$ einfach sind. Es soll jetzt die Anzahl $\nu_{a,b}$ der reellen Nullstellen von $f(x)$ im Intervalle $\widehat{ab}$ bestimmt werden. Ohne wesentliche Einschränkung der Allgemeinheit dürfen wir uns $\widehat{ab}$ so gewählt denken, daß $f(a) \neq 0$, $f(b) \neq 0$ ist. Zur Ermittlung von $\nu_{a,b}$ bilden wir nach Ch. Sturm (1803—1855) mit den Ausgangsfunktionen $f_0(x) = f(x)$ und $f_1(x) = f'(x)$ die Kette des Euklidischen Divisionsverfahrens.

(1) $$f_i(x) = f_{i+1}(x) \cdot g_{i+2}(x) - f_{i+2}(x)$$
$$(i = 0, 1, \ldots \mu - 1;\ f_{\mu+1}(x) = 0)$$

(Vgl. § 3. Bezeichnung etwas anders als damals.) Von wesentlicher Bedeutung ist es, daß die „Reste" $-f_{i+2}(x)$ mit negativem Vorzeichen genommen werden. — Die Funktionenfolge $f_0(x), f_1(x), \ldots f_\mu(x)$ besitzt die folgenden charakteristischen Eigenschaften:

[1]) Einige einfache Grundbegriffe der Analysis (Stetigkeit, Mittelwertsatz, Taylorentwicklung) werden als bekannt vorausgesetzt. Die reelle Zahlgerade wird wie üblich orientiert (positive Werte rechts). Die betrachteten Intervalle sind offen. Auch die Möglichkeit des rechten Randes $+\infty$ (linken Randes $-\infty$) wird zugelassen. — Wenn von dem Verhalten einer Funktion links (rechts) von a die Rede ist, so ist das Verhalten in einem hinreichend kleinen Intervall mit dem rechten (linken) Rande a gemeint.

a) Wegen der Einfachheit der Nullstellen von $f(x) = f_0(x)$ ist $f_\mu(x) = C$ eine von 0 verschiedene Zahl. — b) Es kann niemals $f_i(\alpha) = f_{i+1}(\alpha) = 0$ werden, weil sonst aus (1) schrittweise $f_{i+2}(\alpha) = f_{i+3}(\alpha) = \cdots = f_\mu(\alpha) = 0$ folgte. — c) Ist $f_i(\alpha) = 0$, so haben $f_{i-1}(\alpha)$ und $f_{i+1}(\alpha)$ an der Stelle α und damit wegen der Polynomstetigkeit auch unmittelbar rechts und links von α entgegengesetzte Vorzeichen ($i \geqq 1$). — d) Ist $f_0(\alpha) = f(\alpha) = 0$, so ist $f'(\alpha) \neq 0$, und es wird nach der Taylorformel $f(x) = (x-\alpha)\cdot\big(f'(\alpha) + (x-\alpha)\cdot v(x)\big)$. Daraus folgt, daß $f(x)$ und $f'(x)$ unmittelbar links von α entgegengesetzte, unmittelbar rechts von α gleiche Vorzeichen haben.

Wir wollen nun fur beliebiges α unter w_α die Anzahl der „Zeichenwechsel" in der Funktionsfolge $f_0(\alpha), f_1(\alpha), \ldots f_\mu(\alpha)$ verstehen, also die Anzahl der Indizes $i < \mu$, fur die $\frac{f_i(\alpha)}{f_{i+1}(\alpha)} < 0$ wird. (Sollte $f_{i+1}(\alpha) = 0$ sein, so ist an Stelle des Quotienten $\frac{f_i(\alpha)}{f_{i+1}(\alpha)}$ der Quotient $\frac{f_i(\alpha)}{f_{i+2}(\alpha)}$ zu betrachten). Es gilt dann der

Satz von Sturm: *Die Anzahl $v_{a,b}$ der reellen Wurzeln von $f(x)$ im Intervall $\widehat{ab}$ ist gleich $w_a - w_b$.*

Zum Beweis untersuchen wir das Verhalten von w_α, wenn α von links nach rechts das Intervall $\widehat{ab}$ durchlauft. Auf einer Teilstrecke, auf der keines der Polynome $f_i(x)$ verschwindet, kann aus Stetigkeitsgrunden auch kein $f_i(x)$ sein Vorzeichen andern, es bleibt also w_α auf der ganzen Strecke konstant. Ist ferner $f_i(\alpha) = 0$ ($i \geqq 1$), so haben nach Grundeigenschaft c) $f_{i-1}(x)$ und $f_{i+1}(x)$ unmittelbar rechts und links von α entgegengesetzte Vorzeichen, die Teilfolge $f_{i-1}(x)$, $f_i(x)$, $f_{i+1}(x)$ liefert also, wie muhelos zu sehen, auf beiden Seiten von α — und an der Stelle α selbst — genau einen Vorzeichenwechsel. (Diese Überlegung gilt auch für $\alpha = a$ und $\alpha = b$.) Ist schließlich $f_0(\alpha) = f(\alpha) = 0$, so ist nach Voraussetzung jedenfalls $\alpha \neq a$, $\alpha \neq b$, und es ist $\frac{f(x)}{f'(x)} = \frac{f_0(x)}{f_1(x)}$ nach Grundeigenschaft d) unmittelbar links von α negativ, unmittelbar rechts positiv. — Im ganzen ergibt sich also: w_α ändert sich nur dann, wenn man eine Nullstelle α von $f(x)$ überschreitet, und zwar nimmt w_α bei einer derartigen Überschreitung stets genau um eine Einheit ab. Damit ist der Sturmsche Satz bewiesen.

Die Anwendung des Sturmschen Satzes wird durch den Umstand erschwert, daß die zuerst vorzunehmende Befreiung des ursprünglich gegebenen Polynoms von mehrfachen Nullstellen und die anschließende Aufstellung der Kette $f_0(x)$, $f_1(x), \ldots f_\mu(x)$ meistens sehr mühsame Rechnungen erfordert. Praktisch sind deshalb zwei ältere Kriterien wichtiger, obwohl diese Kriterien im Gegensatz zum Sturmschen Satz nur eine obere Grenze für $\nu_{a,b}$ liefern.

Es sei $f(x)$ ein Polynom vom Grade n, und es sei $f(a) \neq 0$, $f(b) \neq 0$; über die Vielfachheit der Nullstellen von $f(x)$ wird diesmal nichts vorausgesetzt. w'_α bedeute die Anzahl der Zeichenwechsel in der Folge $f^{(0)}(\alpha) = f(\alpha)$, $f^{(1)}(\alpha) = f'(\alpha)$, $f^{(2)}(\alpha) = (f^{(1)})'(\alpha), \ldots f^{(n)}(\alpha) = (f^{(n-1)})'(\alpha)$[1]. (Ist etwa $f^{(\iota+1)}(\alpha) = \cdots = f^{(\iota+r)}(\alpha) = 0$, $f^{(\iota+r+1)}(\alpha) \neq 0$, so hat man bei der Bestimmung von w'_α anstelle des Quotienten $\frac{f^{(\iota)}(\alpha)}{f^{(\iota+1)}(\alpha)}$ natürlich den Quotienten $\frac{f^{(\iota)}(\alpha)}{f^{(\iota+r+1)}(\alpha)}$ zu bilden.) Wir beweisen nun den

Satz von Fourier: *Zählt man jede Nullstelle von $f(x)$ so oft, wie ihre Vielfachheit angibt, so gilt für die Nullstellenzahl*

---

[1] $f^{(\nu)}(x)$ ist in der Bezeichnungsweise der Differentialrechnung die ν-te Ableitung von $f(x)$!

$v_{a,b}$ *eine Gleichung* $v_{a,b} = w'_a - w'_b - 2q$; *wobei* q *eine nicht negative ganze Zahl bedeutet.*

Der Beweis ergibt sich in entsprechender Weise wie beim Sturmschen Satz aus den folgenden Überlegungen: Es sei etwa $f^{(i)}(\alpha) = \gamma \neq 0$, $f^{(i+1)}(\alpha) = \cdots = f^{(i+r)}(\alpha) = 0$, $f^{(i+r+1)}(\alpha) = \delta \neq 0$. Mit $\sigma_+^{(k)}$ bzw. $\sigma_-^{(k)}$ werde das Vorzeichen von $f^{(k)}(x)$ unmittelbar rechts bzw. links von α bezeichnet, ε_1 bzw. ε_2 sei das Vorzeichen von δ bzw. γ. — Nach der Taylorformel wird

$$f^{(i+\tau)}(x) = (x-\alpha)^{r-\tau+1} \cdot \left(\frac{\delta}{(r-\tau+1)!} + (x-\alpha) \cdot r_\tau(x)\right) \qquad (\tau = 1, 2, \ldots r),$$

und daraus folgt sofort:

$$(2)\quad \begin{cases} \sigma_-^{(i+r+1)} = \varepsilon_1, & \sigma_-^{(i+r)} = -\varepsilon_1, & \sigma_-^{(i+r-1)} = \varepsilon_1, \ldots \\ \sigma_+^{(i+r+1)} = \varepsilon_1, & \sigma_+^{(i+r)} = \varepsilon_1, & \sigma_+^{(i+r-1)} = \varepsilon_1, \ldots \\ \sigma_-^{(i+2)} = (-1)^{r-1} \cdot \varepsilon_1, & \sigma_-^{(i+1)} = (-1)^r \cdot \varepsilon_1, & \sigma_-^{(i)} = \varepsilon_2 \\ \sigma_+^{(i+2)} = \varepsilon_1, & \sigma_+^{(i+1)} = \varepsilon_1, & \sigma_+^{(i)} = \varepsilon_2. \end{cases}$$

Aus (2) ist unmittelbar abzulesen: Ist r gerade, so gehen in der Teilfolge $f^{(i)}(x), f^{(i+1)}(x), \ldots f^{(i+r+1)}(x)$ beim Überschreiten der Stelle α genau r Zeichenwechsel verloren. Ist r ungerade, so gehen $r+1$ oder $r-1$ Zeichenwechsel verloren, je nachdem ob $\varepsilon_1 = \varepsilon_2$ oder $\varepsilon_1 \neq \varepsilon_2$. — Genau so sieht man, daß beim Überschreiten der Stelle α in der Teilfolge $f^{(0)}(x), f^{(1)}(x), \ldots f^{(r)}(x)$ genau r Zeichenwechsel verloren gehen, falls $f^{(0)}(\alpha) = f(\alpha) = f^{(1)}(\alpha) = \cdots = f^{(r-1)}(\alpha) = 0$, $f^{(r)}(\alpha) \neq 0$. — Damit ist der Fouriersche Satz bewiesen. Ein Spezialfall des Fourierschen Satzes ist der

Satz von Descartes: *Die Anzahl der positiven bzw. negativen Wurzeln der Gleichung* $x^n + a_1 x^{n-1} + \cdots + a_n = 0$ $(a_n \neq 0)$ *ist höchstens so groß wie oder um eine gerade Zahl kleiner als die Anzahl der Zeichenwechsel in der Folge* $1, a_1, \ldots a_n$ *bzw.* $1, -a_1, (-1)^2 \cdot a_2, \ldots (-1)^n \cdot a_n$.

In der Tat, wendet man den Fourierschen Satz auf das Intervall $\widehat{0, +\infty}$ (bzw. $\widehat{0 N}$ mit hinreichend großem N an, und beachtet man, daß $f(N)$, $f^{(1)}(N)$, $f^{(2)}(N), \ldots$ für hinreichend großes N alle positiv sind, während $f(0) = a_n$, $f^{(1)}(0) = a_{n-1}$, $f^{(2)}(0) = 2! \cdot a_{n-2}, \ldots f^{(n)}(0) = n!$ wird, so erhält man sofort den auf die positiven Wurzeln bezüglichen Teil der Behauptung. Was die negativen Wurzeln von $f(x)$ angeht, so beachte man, daß diese identisch sind mit den positiven Wurzeln von $f(-x)$.

Man sieht nun mühelos: Die Summe der Zeichenwechsel in den Folgen $a_0 = 1, a_1, a_2, \ldots a_n$ und $a_0 = 1, -a_1, (-1)^2 \cdot a_2, \ldots (-1)^n \cdot a_n$ ist höchstens gleich n; sie ist dann und nur dann genau gleich n, wenn niemals zwei aufeinanderfolgende Glieder a_i, a_{i+1} gleichzeitig 0 sind, und wenn für $a_{i+1} = 0$ die Glieder a_i, a_{i+2} stets entgegengesetzte Vorzeichen haben. Aus dieser Bemerkung und dem Descartesschen Satz ergeben sich sofort zwei wichtige Folgerungen:

Hat die Gleichung $f(x) = x^n + a_1 x^{n-1} + \cdots + a_n = 0$ $(a_n \neq 0)$ *lauter reelle Wurzeln, so ist die Anzahl der positiven bzw. negativen Wurzeln von* $f(x)$ *genau gleich der Zahl der Zeichenwechsel in der Folge* $1, a_1, a_2, \ldots a_n$ *bzw.* $1, -a_1, (-1)^2 \cdot a_2, \ldots (-1)^n \cdot a_n$.

Sind in $f(x) = x^n + a_1 x^{n-1} + \cdots + a_n$ $(a_n \neq 0)$ zwei aufeinanderfolgende Beiwerte a_i, a_{i+1} gleich 0, oder ist $a_{i+1} = 0$, während a_i und a_{i+2} gleiches Vorzeichen haben, $(a_0 = 1)$, so besitzt $f(x)$ mindestens ein Paar komplexer Wurzeln.

Abschnitt III.

Auflösung der Gleichungen ersten bis vierten Grades.

§ 15. Gleichung 1. und 2. Grades.

Die Lösung einer linearen und einer quadratischen Gleichung in einer Unbekannten setzen wir als bekannt voraus.

Insbesondere sei nur darauf hingewiesen, daß bei einer quadratischen Gleichung

(1) $$p(x) = a_0 x^2 + a_1 x + a_2 = 0 \quad (a_0 \neq 0)$$

für die Diskriminante

(2) $$d = a_1^2 - 4a_0 a_2$$

des Polynoms $p(x)$ der Satz gilt: d verschwindet dann und nur dann, wenn die beiden Nullstellen von $p(x)$ zusammenfallen. Sind a_0, a_1, a_2 reell, so ist $d > 0$ oder $d < 0$ je nachdem ob die beiden Nullstellen von $p(x)$ reell oder konjugiert komplex sind.

In entsprechender Weise setzen wir voraus, daß der Leser mit der Lösung von zwei oder drei linearen Gleichungen oder auch mit der Lösung eines Gleichungssystems

(3) $$x^2 + y^2 + a_{i1} x + a_{i2} y + a_{i3} = 0 \quad (i = 1, 2)$$

von der Schule her vertraut ist. An einer Stelle (in § 21) werden Determinanten dritten Grades ohne vorherige Entwicklung der einschlägigen Theorie benutzt.

Dagegen soll noch in zwei einfachen Spezialfällen auf einen praktisch sehr wichtigen Zusammenhang zwischen homogenen und inhomogenen Gleichungssystemen etwas ausführlicher eingegangen werden. Bei einem linearen inhomogenen System

(4) $$a_{i1} x + a_{i2} y + a_{i3} = 0 \quad (i = 1, 2)$$

gilt bekanntlich der Satz. Ist $D = a_{11} \cdot a_{22} - a_{12} \cdot a_{21} \neq 0$, so hat (4) genau eine Lösung. Ist aber $D = 0$, so hat (4) entweder gar keine oder unendlich viele Lösungen. An Stelle dieses Theorems, das wegen des Auftretens zweier Möglichkeiten im Falle $D = 0$ nicht voll befriedigt, erhalten wir ein einfacheres, wenn wir statt (4) das homogene System

(5) $$a_{i1} x_1 + a_{i2} x_2 + a_{i3} x_3 = 0 \quad (i = 1, 2)$$

betrachten und einerseits die triviale Lösung $x_1 = x_2 = x_3 = 0$ von der Betrachtung ausschließen, andererseits zwei proportionale Lösungen als nicht wesentlich verschieden ansehen: Vom Ausnahmefall $a_{11} : a_{12} : a_{13} = a_{21} : a_{22} : a_{23}$, in dem unendlich viele wesentlich verschiedene Lösungen existieren, abgesehen, besitzt (5) im wesentlichen genau eine Lösung.

Der Beweis kann angesichts der unmittelbar folgenden Betrachtungen dem Leser überlassen werden. — Wenden wir uns zur Untersuchung einer linearen und einer quadratischen Gleichung, so erscheint es nach dem Bisherigen zweckmäßig, mit einem homogenen System

$$
\begin{aligned}
&l(x_1, x_2, x_3) = a_1 x_1 + a_2 x_2 + a_3 x_3 = 0 \\
(6)\quad &q(x_1, x_2, x_3) = b_{11} x_1^2 + 2 b_{12} x_1 x_2 + b_{22} x_2^2 + 2 b_{13} x_1 x_3 \\
&\qquad + 2 b_{23} x_2 x_3 + b_{33} x_3^2 = 0
\end{aligned}
$$

zu beginnen, wobei wir voraussetzen, daß weder alle a_i noch alle b_{ik} gleich 0 sind. Ist etwa $a_3 \neq 0$, so können wir $q(x_1, x_2, x_3)$ hinsichtlich der Veränderlichen x_3 durch $l(x_1, x_2, x_3)$ im Sinne von § 3 ausdividieren:

$$
\begin{aligned}
(7)\quad q(x_1, x_2, x_3) &= l(x_1, x_2, x_3) \cdot (c_1 x_1 + c_2 x_2 + c_3 x_3) \\
&\quad + d_{11} x_1^2 + 2 d_{12} x_1 x_2 + d_{22} x_2^2
\end{aligned}
$$

(6) ist dann gleichwertig mit dem System:

$$
\begin{aligned}
(8)\quad r(x_1, x_2) &= d_{11} x_1^2 + 2 d_{12} x_1 x_2 + d_{22} x_2^2 = 0; \\
x_3 &= - a_3^{-1} (a_1 x_1 + a_2 x_2)
\end{aligned}
$$

Wie bei (5) sind nun zwei Hauptfälle zu unterscheiden: a) $d_{11} = d_{12} = d_{22} = 0$, $q(x_1, x_2, x_3)$ ist teilbar durch $l(x_1, x_2, x_3)$. Unendlich viele wesentlich verschiedene Lösungen, da x_1, x_2 willkürlich wählbar. b) Nicht alle d_{ik} gleich 0. Zwei Unterfälle: α) $d_{12}^2 - d_{11} d_{22} = \delta \neq 0$. Zwei wesentlich verschiedene Lösungen $x_1 = \xi_{i1}$, $x_2 = \xi_{i2}$ $(i = 1, 2)$, zu denen jeweils eindeutig $x_3 = -a_3^{-1} (a_1 \xi_{i1} + a_2 \xi_{i2})$ tritt. (Falls $d_{11} = d_{22} = 0$, $d_{12} \neq 0$, muß entweder $x_1 = 0$ oder $x_2 = 0$ sein, und es kann $\xi_{11} = 0, \xi_{12} = 1, \xi_{21} = 1, \xi_{22} = 0$ gesetzt werden. Ist aber etwa $d_{11} \neq 0$, so würde $x_2 = 0$ sofort $x_1 = x_3 = 0$ nach sich ziehen, und man kann von $r(x_1, x_2) = 0$ wegen $x_2 \neq 0$ zur quadratischen Gleichung $r(x_1 \cdot x_2^{-1}, 1) = 0$ übergehen, die wegen $\delta \neq 0$ für $x_1 \cdot x_2^{-1}$ zwei verschiedene Werte liefert). — β) $\delta = 0$. Im wesentlichen nur eine Lösung $x_1 = \xi_1$, $x_2 = \xi_2$,

$x_3 = -a_3^{-1}(a_1\xi_1 + a_2\xi_2)$. (Es ist sicher entweder $d_{11} \neq 0$ oder $d_{22} \neq 0$, und man darf wie unter a) schließen). — Trifft man die Konvention, daß im Falle bβ) die eine Lösung, die ja auch mit Hilfe einer quadratischen Gleichung gewonnen wird, doppelt zu zählen ist, so hat man das einfache Endergebnis: Von dem Ausnahmefall der Teilbarkeit von $q(x_1, x_2, x_3)$ durch $l(x_1, x_2, x_3)$ abgesehen, besitzt (6) zwei wesentlich verschiedene Lösungen, die u. U. in eine einzige doppelt zu zählende Lösung zusammenfallen. — Ist nun statt (6) ein inhomogenes System

$$(9) \qquad l(x, y, 1) = 0, \quad q(x, y, 1) = 0$$

gegeben, so sieht man sofort: die verschiedenen Lösungen von (9) entsprechen umkehrbar eindeutig den wesentlich verschiedenen Lösungen von (6) mit $x_3 \neq 0$. (Beachte $l(x_1, x_2, x_3) = x_3 \cdot l(x_1x_3^{-1}, x_2x_3^{-1}, 1)$, $q(x_1, x_2, x_3) = x_3^2 \cdot q(x_1x_3^{-1}, x_2x_3^{-1}, 1)$, sowie die Tatsache, daß in jeder Klasse nicht wesentlich verschiedener Lösungen von (6) mit $x_3 \neq 0$ genau eine Lösung mit $x_3 = 1$ auftritt.) — Der Zusammenhang zwischen dem homogenen und dem inhomogenen System zeigt, daß im Inhomogenen zwei neue Sonderfälle dazukommen. Nur eine, einfach zu zählende Lösung bzw. überhaupt keine Lösung (entsprechend einer bzw. zwei Lösungen mit $x_3 = 0$ im Homogenen).

Die Verhältnisse werden anschaulich durch eine geometrische Interpretation. Die Lösung eines Systems (6) bzw. (9) bedeutet die Bestimmung der Schnittpunkte einer Geraden mit einem Kegelschnitt (Kreis, Ellipse, Parabel, Hyperbel, im Entartungsfall Geradenpaar), und zwar arbeitet man im inhomogenen Fall in der endlichen (affinen oder auch euklidischen), im homogenen Fall in der durch Hinzunahme der unendlich fernen Punkte abgeschlossenen projektiven Ebene. Sieht man nun von der Möglichkeit ab, daß die Gerade Bestandteil des (entarteten) Kegelschnittes ist, so gibt es im projektiven Fall immer zwei Schnittpunkte, die in anschaulicher Weise zusammenfallen, wenn die Gerade Tangente wird. Im affinen Fall dagegen muß man mit der Möglichkeit rechnen, daß ein oder beide Schnittpunkte ins Unendliche fallen. (Man denke an eine Parallele zur Asymptote oder an eine Asymptote einer Hyperbel.)

§ 16. Quadratwurzelkörper. Konstruktion mit Zirkel und Lineal.

Es sei $\mathfrak{K} = \mathfrak{K}^{(0)}$ ein beliebiger Korper; $\mathfrak{K}^{(0)}, \mathfrak{K}^{(1)}, \ldots \mathfrak{K}^{(m)} = \mathfrak{L}$ sei eine endliche Korperkette, bei der $\mathfrak{K}^{(\iota)}$ jeweils aus $\mathfrak{K}^{(\iota-1)}$ durch Hinzunahme der Nullstellen eines uber $\mathfrak{K}^{(\iota-1)}$ unzerlegbaren Polynoms $x^2 + a_{\iota-1}x + b_{\iota-1}$ mit Beiwerten $a_{\iota-1}, b_{\iota-1}$ aus $\mathfrak{K}^{(\iota-1)}$ entsteht ($\iota = 1, \ldots m$). Ersichtlich kann der Übergang von $\mathfrak{K}^{(\iota-1)}$ zu $\mathfrak{K}^{(\iota)}$ auch dadurch vollzogen werden, daß man aus einem geeigneten Element $c_{\iota-1}$ aus $\mathfrak{K}_{\iota-1}$ die Quadratwurzel zieht. Es soll dementsprechend $\mathfrak{L}$ als ein „Quadratwurzelkorper“, jedes Element aus $\mathfrak{L}$ als eine „Quadratwurzelgroße“ uber $\mathfrak{K}$ bezeichnet werden. Der Begriff der Quadratwurzelgroße hangt aufs engste zusammen mit dem bereits im Altertum hochberuhmten geometrischen Problem der „Konstruktion mit Zirkel und Lineal“. — Alle in diesen Problemkreis gehorigen geometrischen Aufgaben konnen auf folgende Form gebracht werden:

Es sollen in der Ebene aus endlich vielen gegebenen Punkten $A_1, \ldots A_\varrho$ endlich viele mit den A_ι durch vorgeschriebene geometrische Bedingungen verknupfte Punkte $X_1, \ldots X_\sigma$ mit endlich vielen Schritten konstruiert werden, und zwar unter alleiniger Benutzung der folgenden drei Grundkonstruktionen:

1. Sind A_1, B_1, A_2, B_2 „bekannte“, d. h. ursprunglich gegebene oder bereits konstruierte Punkte, so kann (mit dem Lineal) der Schnittpunkt der Geraden $g_1 = \overline{A_1B_1}$ durch A_1, B_1 und $g_2 = \overline{A_2B_2}$ durch A_2, B_2 bestimmt werden.

2. Es seien A, B, M bekannte Punkte; $|CD|$ bedeute den Abstand zweier weiterer bekannter Punkte C, D. Dann kann (mit Lineal und Zirkel) die Gerade $g = \overline{AB}$ mit dem Kreis k mit dem Mittelpunkt M und dem Radius $r = |CD|$ zum Schnitt gebracht werden.

3. Es konnen (mit dem Zirkel) zwei Kreise k_1, k_2 mit bekannten Mittelpunkten M_1, M_2 und bekannten Radien $r_1 = | C_1D_1 |, r_2 = | C_2D_2 |$ zum Schnitt gebracht werden.

Beispiel: Es soll durch den nicht auf der Geraden g liegenden Punkt P die Parallele zu P gezogen werden. — Umformulierung der Aufgabe: Es soll zu drei nicht auf einer Geraden liegenden Punkten A, B, P ein Punkt X so bestimmt werden, daß $\widehat{PX}$ zu $\widehat{AB}$ parallel ausfallt. — Durchfuhrung der Konstruktion: a) Kreis um A mit dem Radius $| AP |$ liefert mit $\widehat{AB}$ den Schnittpunkt C. (2. Grundkonstruktion. Welcher der beiden Schnittpunkte mit C benannt wird, ist gleichgultig.) b) Kreis um P mit Radius $| AP |$, Kreis um A mit Radius $| PC |$ liefern als Schnittpunkt den gesuchten Punkt X (2. Grundkonstruktion; X ist so zu wahlen, daß X und C auf verschiedenen Seiten von $\widehat{AP}$ liegen).

Wie hangt nun das Problem der Konstruktion mit Zirkel und Lineal mit den Quadratwurzelgroßen zusammen? — Es sei eine bestimmte geometrische Aufgabe vorgelegt. $A_1, \dots A_\varrho$ bzw. $X_1, \dots X_\sigma$ seien die gegebenen bzw. die gesuchten Punkte. Es soll entschieden werden, ob die X_i aus den A_i mit Zirkel und Lineal konstruierbar sind oder nicht. Um diese Frage auf algebraischem Wege zu beantworten, fuhren wir in der Ebene rechtwinklige Koordinaten x, y ein; dabei durfen und wollen wir uns das Koordinatensystem so gewahlt denken, daß die Punkte (0, 0) und (1, 0) (d. h. die Punkte mit den Koordinaten $x = 0$, $y = 0$ bzw. $x = 1$, $y = 0$) in die Reihe der A_i gehoren. Mit $\mathfrak{K}$ moge der kleinste Körper bezeichnet werden, der die Koordinaten aller A_i enthalt. Dann gilt der folgende Hauptsatz:

Die Punkte X_i sind dann und nur dann aus den Punkten A_i mit Zirkel und Lineal konstruierbar, wenn die Koordinaten der X_i uber dem durch die Koordinaten der A_i bestimmten Korper $\mathfrak{K}$ (reelle) Quadratwurzelgroßen sind.

Um einzusehen, daß die Koordinaten jedes konstruierbaren Punktes X, (reelle) Quadratwurzelgrößen über $\mathfrak{K}$ sind, bedenke man.

Die Gleichung der Geraden $g = \widehat{AB}$ durch die Punkte $A = (a_1, a_2)$, $B = (b_1, b_2)$ lautet:

$$(1) \qquad (a_2 - b_2) \cdot x - (a_1 - b_1) \cdot y + (a_1 b_2 - a_2 b_1) = 0.$$

Andererseits ist die Gleichung des Kreises k mit dem Mittelpunkt $M = (m_1, m_2)$ und dem Radius $r = |\,CD\,|$ gegeben durch

$$(2) \qquad (x - m_1)^2 + (y - m_2)^2 - r^2$$
$$= x^2 + y^2 - 2m_1 x - 2m_1 y + (m_1^2 + m_2^2 - r^2) = 0,$$

wobei $r^2 = (c_1 - d_1)^2 + (c_2 - d_2)^2$ zu setzen ist, falls $C = (c_1, c_2)$, $D = (d_1, d_2)$.

Die Ausführung der Grundoperation 1 bzw. 2 bzw. 3 bedeutet also algebraisch die Auflösung eines Gleichungssystems von dem in § 15 betrachteten Typus (4) bzw. (9) bzw. (3), wobei die Gleichungsbeiwerte dem durch die Koordinaten der bereits bekannten Punkte bestimmten (reellen) Körper $\mathfrak{M}$ angehören. Die Koordinaten der durch die betreffende Grundkonstruktion gelieferten Schnittpunkte gehören daher stets entweder dem Körper $\mathfrak{M}$ selbst an oder einem Körper $\mathfrak{M}'$, der aus $\mathfrak{M}$ durch Hinzunahme einer geeigneten, aus geometrischen Gründen selbstverständlich reellen Quadratwurzel hervorgeht.

Zum Beweise der Tatsache, daß $X = (u_1, u_2)$ stets konstruierbar ist, wenn u_1, u_2 reelle Quadratwurzelgrößen über $\mathfrak{K}$ darstellen, hat man nur zu zeigen: Die Menge der Koordinaten aller konstruierbaren Punkte bildet einen Körper, der gleichzeitig mit einer reellen Zahl $a > 0$ stets auch $\sqrt{a}$ enthält. — Man überlegt sich nun der Reihe nach:

a) Aus dem Punkt (a_1, a_2) können die Punkte $(a_1, 0)$, $(a_2, 0)$ konstruiert werden und umgekehrt. (Es sind nur ganz elementare Konstruktionen nötig, die sich mühelos auf die drei Grundkonstruktionen zurückführen lassen; die Durchüberlegung im Einzelnen ist eine gute Übungsaufgabe.) — Unter diesen Umständen darf man sich auf die Betrachtung von Punkten der Form $(a, 0)$, d. h. von Punkten auf der x-Achse beschränken.

b) Sind die Punkte $(a, 0)$ und $(b, 0)$ konstruierbar, so sind es auch die Punkte $(a+b, 0)$, $(a-b,\ 0)$, $(a \cdot b, 0)$, $\left(\frac{a}{b}, 0\right)$. Die Konstruktion von $(a \pm b, 0)$ ist trivial, handelt es sich doch einfach um Streckenabtragungen auf der x-Achse in

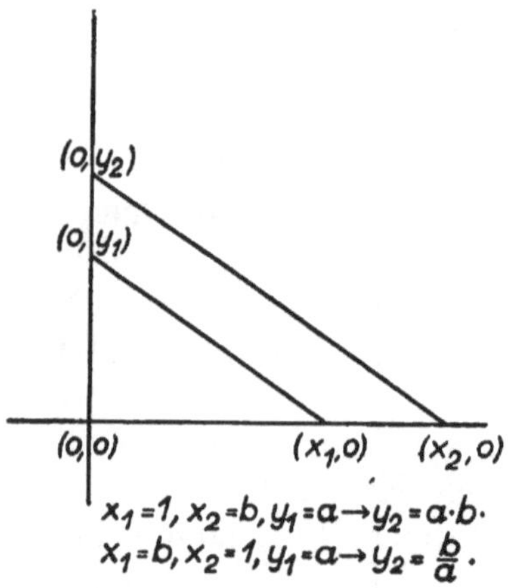

Zeichnung 1

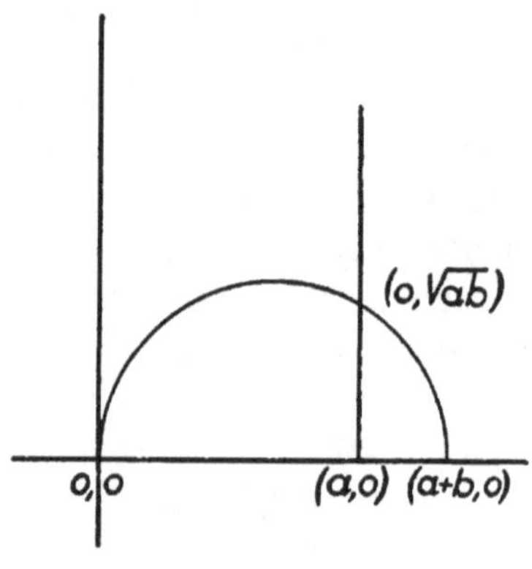

Zeichnung 2

bestimmten Richtungen. Aber auch die Bestimmung von $(a \cdot b, 0)$ und $\left(\frac{a}{b}, 0\right)$ erfordert nur ganz einfache Zweistrahlbetrachtungen. (Vgl. Zeichnung 1, bei der der Einfachheit halber $a > 0, b > 0$ angenommen ist.)

c) Die Konstruktion des Punktes $(\sqrt{a}, 0)$ aus dem gegebenen Punkte $(a; 0)$ — natürlich für $a > 0$ — ist eine einfache Anwendung des Pythagoreischen Lehrsatzes. (Vgl. Zeichnung 2.)

Die Bedeutung des Hauptsatzes wird am besten an einigen Beispielen erlautert. Dabei sind vor allem die Falle bemerkenswert, in denen mit Hilfe des Hauptsatzes die Unlosbarkeit eines bestimmten geometrischen Problems nachgewiesen wird.

1. Beispiel. Es soll zu einem gegebenen Wurfel ein Wurfel doppelten Inhaltes konstruiert werden. („Wurfelverdopplung“ oder „Delisches Problem“.) — Ist die Kantenlange des gegebenen Wurfels gleich 1, so ist die des gesuchten gleich $\sqrt[3]{2}$. Es handelt sich also darum, zu den gegebenen Punkten $A_1 = (0, 0)$, $A_2 = (1, 0)$ den Punkt $X = (\sqrt[3]{2}, 0)$ zu konstruieren. Die Aufgabe erweist sich als unlosbar, da $\sqrt[3]{2}$ uber dem durch die Koordinaten der A_i bestimmten rationalen Zahlkorper $\mathfrak{K} = \mathfrak{K}_0$ keine Quadratwurzelgroße ist. (Vgl. § 24.)

2. Beispiel. Die Dreiteilung eines gegebenen Winkels φ. Die Aufgabe kann offenbar so formuliert werden: Gegeben die Punkte $(0, 0)$, $(1, 0)$, $(\cos\varphi, \sin\varphi)$ Gesucht der Punkt $\left(\cos\frac{\varphi}{3}, \sin\frac{\varphi}{3}\right)$. Der durch die gegebenen Punkte bestimmte Korper $\mathfrak{K}$ entsteht aus dem Korper $\mathfrak{K}_0$ der rationalen Zahlen durch Hinzunahme von $\cos\varphi$ und $\sin\varphi$. In § 24 wird gezeigt werden, daß (von Ausnahmefallen abgesehen) $\cos\frac{\varphi}{3}$ uber $\mathfrak{K}$ keine Quadratwurzelgroße ist. Die Dreiteilung eines gegebenen Winkels φ mit Zirkel und Lineal ist also im allgemeinen unmoglich.

3. Beispiel. Es soll ein Quadrat konstruiert werden, das zu einem gegebenen Kreise flachengleich ist. („Quadratur des Kreises“). Setzen wir den Radius des gegebenen

Kreises der Einfachheit halber gleich 1, so wird sein Inhalt gleich π, die Seitenlänge des gesuchten Quadrats dementsprechend gleich $\sqrt{\pi}$, wobei $\pi = 3{,}14159\ldots$ die bekannte „Ludolfsche Zahl" bedeutet. Es handelt sich also offenbar um die Frage: Ist π über dem rationalen Zahlkörper $\mathfrak{K}_0$ Quadratwurzelgröße oder nicht? — Lindemann hat 1890 bewiesen, daß π überhaupt keiner algebraischen Gleichung mit rationalen Beiwerten genügt, und daraus folgt sofort, daß die Quadratur des Kreises mit Zirkel und Lineal unmöglich ist.

4. Beispiel. Kann das einem gegebenen Kreis einbeschriebene reguläre n-Eck mit Zirkel und Lineal konstruiert werden? Es sei (0, 0) der Mittelpunkt, 1 der Radius des gegebenen Kreises, eine Ecke des zu konstruierenden Vielecks möge in den Punkt (1, 0) gelegt werden. Dann haben die übrigen Vieleckspunkte die Koordinaten $\left(\cos\frac{2k\pi}{n}, \sin\frac{2k\pi}{n}\right)$ mit $k = 1, 2, \ldots n-1$. Es ist also zu untersuchen, für welche Werte von n die Zahlen $\cos\frac{2k\pi}{n}$, $\sin\frac{2k\pi}{n}$ $(k = 1, \ldots n-1)$ Quadratwurzelgrößen über dem rationalen Zahlkörper $\mathfrak{K}_0$ darstellen. Die Lösung des Problems findet sich in der berühmten Gaußschen Kreisteilungstheorie, mit der wir uns in Abschnitt V ausführlich beschäftigen werden.

§ 17. Einheitswurzeln. Binomische Gleichungen.

Bekanntlich kann man sich die Menge aller komplexen Zahlen dadurch geometrisch veranschaulichen, daß man in der Ebene rechtwinklige Koordinaten x, y einführt, und der komplexen Zahl $\alpha = a + ib$ den Punkt (a, b) zuordnet. a, b können unter diesem Gesichtspunkt kurz als die rechtwinkligen Koordinaten von α bezeichnet werden. Als Polarkoordinaten von α dagegen sind die Größen $|\alpha| = \sqrt{a^2 + b^2}$,

$\varphi = \text{arc}\cos\frac{a}{|\alpha|} = \text{arc}\sin\frac{b}{|\alpha|}$ anzusehen. $|\alpha|$, der „absolute Betrag von α“ ist nichts anderes als der Abstand des Punktes $A = (a, b)$ vom Koordinatenursprung $O = (0, 0)$. Der „Polarwinkel“ φ dagegen ist der Winkel, den der Strahl $\overrightarrow{OA}$ mit der positiven reellen Achse (d. h. mit der positiven x-Achse) bildet. — Vgl. Zeichnung 3.

Bezeichnet man wie üblich mit $\bar{\alpha}$ die zu $\alpha = a + ib$ „konjugiert komplexe Zahl“ $a - ib$, so wird $\alpha \cdot \bar{\alpha} = |\alpha|^2$. Aus der Definition von $|\alpha|$ und φ folgt sofort: $\alpha = |\alpha| \cdot (\cos\varphi + i\sin\varphi)$. Für $\cos\varphi + i\sin\varphi$ schreiben wir im folgenden kurz $e^{i\varphi}$, ohne aber im übrigen von der Theorie der Exponentialfunktion irgendwie Gebrauch zu machen. Ist $\alpha = |\alpha| \cdot e^{i\varphi}$, $\beta = |\beta| \cdot e^{i\psi}$, so ergibt sich aus den Additionstheoremen von Sinus und Cosinus unmittelbar:

(1) $\alpha \cdot \beta = (|\alpha| \cdot |\beta|) \cdot e^{i(\varphi+\psi)}$; $\alpha : \beta = (|\alpha| : |\beta|) \cdot e^{i(\varphi-\psi)}$.

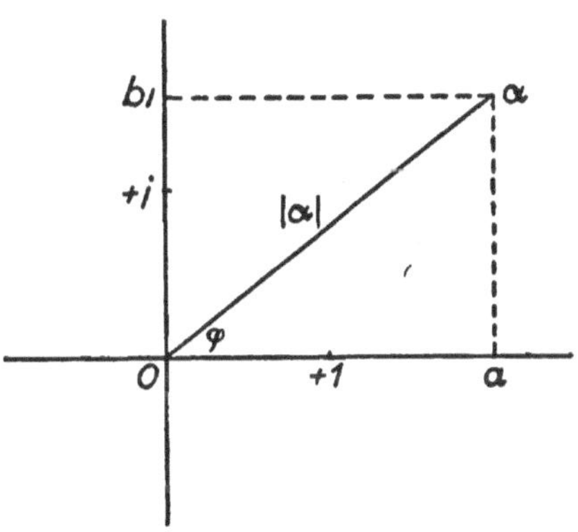

Zeichnung 3.

Bei der Multiplikation (Division) komplexer Zahlen sind also die absoluten Beträge zu multiplizieren (dividieren), die Polarwinkel zu addieren (subtrahieren). Den Polarwinkel messen wir im folgenden stets im natürlichen Bogenmaß. Der Vollwinkel wird also gleich 2π gesetzt, und es werden zwei Winkel als nicht verschieden angesehen, wenn ihre Differenz gleich einem ganzzahligen (positiven oder negativen) Vielfachen von 2π ist.

Mit Hilfe der Formel (1) kann man die n Lösungen der Gleichung $x^n - 1 = 0$, die n „n-ten Einheitswurzeln“ $\varepsilon_0, \varepsilon_1, \ldots \varepsilon_{n-1}$ mühelos bestimmen. Bei geeigneter Numerierung wird offenbar

$$(2)\quad \varepsilon_k = \cos\frac{2k\pi}{n} + i\sin\frac{2k\pi}{n} = e^{\frac{2\pi i k}{n}} \quad (k = 0, 1, \ldots n-1).$$

Die Punkte, die in der komplexen Zahlenebene den ε_k entsprechen, bilden also auf dem Kreis mit dem Mittelpunkt O und dem Radius 1 die Ecken eines regulären n-Ecks. — Mit der algebraischen Theorie der Einheitswurzeln werden wir uns in Abschnitt V ausführlich beschäftigen. Hier sollen einige einfache Grundeigenschaften besprochen werden, die mühelos aus der „transzendenten“ (d. h. die „transzendenten“ Funktionen Sinus und Cosinus benutzenden) Darstellung (2) entnommen werden können.

Ist t der gr. g. T. von k und n, und wird $n = t \cdot n'$ gesetzt, so ist $\varepsilon_k^{n'} = \left(e^{\frac{2\pi i k}{n}}\right)^{n'} = 1$, und aus $\varepsilon_k^m = 1$ folgt $m \equiv 0(n')$. Denn es wird ja $\varepsilon_k^m = e^{\frac{2\pi i k m}{n}}$ dann und nur dann gleich 1, wenn $\frac{k \cdot m}{n}$ ganz, also $k \cdot m$ durch n teilbar ist. Die Teilbarkeit von $k \cdot m$ durch n ist aber gleichwertig mit der Teilbarkeit von m durch n'. — Nennen wir, wie üblich, die Einheitswurzel ε_k primitiv, wenn n der kleinste Exponent μ ist, für den $\varepsilon_k^\mu = 1$ wird, so ergibt sich unmittelbar:

$\varepsilon_k = e^{\frac{2\pi i k}{n}}$ *ist dann und nur dann primitiv, wenn k zu n teilerfremd ist; insbesondere stellt ε_1 stets eine primitive n-te Einheitswurzel dar. — Ist $n = p$ eine Primzahl, so sind die $p-1$ Einheitswurzeln $\varepsilon_1, \varepsilon_2, \ldots, \varepsilon_{p-1}$ primitiv. — Ist allgemeiner $n = p^f$ eine Primzahlpotenz, so ist ε_k dann und nur dann primitiv, wenn k durch p unteilbar ist, es gibt also im ganzen*

$p^f - p^{f-1} = p^{f-1} \cdot (p-1)$ *verschiedene primitive p^f-te Einheitswurzeln.*

Aus $\varepsilon^l = \varepsilon^m$ $(0 < l < m \leqq n)$ folgt $\varepsilon^{m-l} = 1$ $(0 < m - l < n)$. Bei einer primitiven n-ten Einheitswurzel ε müssen also die Potenzen $\varepsilon, \varepsilon^2, \ldots, \varepsilon^n$ alle verschieden sein. Da gleichzeitig mit ε stets auch ε^r $(r = 2, 3, \ldots)$ eine n-te Einheitswurzel darstellt, erhält man somit den Satz:

Ist ε eine primitive n-te Einheitswurzel, so umfaßt die Reihe $\varepsilon, \varepsilon^2, \ldots \varepsilon^{n-1}, \varepsilon^n = \varepsilon^0 = 1$ die sämtlichen n-ten Einheitswurzeln.

Es sei ferner $n = l \cdot m$, wobei l und m teilerfremd sind, und es werde $\eta = e^{\frac{2\pi i}{l}}$, $\vartheta = e^{\frac{2\pi i}{m}}$, $\varepsilon_k = e^{\frac{2\pi i k}{n}}$ gesetzt. Nach einem elementaren zahlentheoretischen Satz gilt nun eine Gleichung $1 = c \cdot l + d \cdot m$, und daraus folgt sofort $\varepsilon_k = e^{\frac{2\pi i}{l} \frac{k}{m}} = e^{\frac{2\pi i \, d \cdot k}{l}} \cdot e^{\frac{2\pi i \, c \, k}{m}} = \eta^{d \cdot k} \cdot \vartheta^{c \cdot k}$, d. h. jede n-te Einheitswurzel läßt sich als Produkt einer l-ten und einer m-ten Einheitswurzel darstellen. Durch mehrmalige Anwendung dieser Bemerkung kommt man mühelos zu dem Satz: *Es sei $n = p_1^{f_1} \cdot \ldots \cdot p_s^{f_s}$ die Zerlegung von n in paarweise teilerfremde Primzahlpotenzen. Dann besitzt jede n-te Einheitswurzel ε eine Produktzerlegung $\varepsilon = \varepsilon^{(1)} \cdot \ldots \cdot \varepsilon^{(s)}$, bei der $\varepsilon^{(\nu)}$ jeweils eine geeignete $p_\nu^{f_\nu}$-te Einheitswurzel darstellt.*

Dieses Ergebnis ist vor allem für Abschnitt V wichtig, weil es uns dort gestattet, die Untersuchung im wesentlichen auf p^f-te Einheitswurzeln (p Primzahl) zu beschränken. — Wir wenden uns jetzt zur Betrachtung der allgemeinen „binomischen Gleichung"

$$x^n - u = 0. \tag{3}$$

Sind ξ_1 und ξ_2 zwei Lösungen von (3), so wird $\left(\frac{\xi_1}{\xi_2}\right)^n = \frac{u}{u} = 1$. Das heißt aber: Man erhält alle Lösungen $\xi_1, \ldots \xi_n$ von (3), wenn man eine feste Losung ξ mit den n-ten Einheitswurzeln $\varepsilon_0, \ldots \varepsilon_{n-1}$ multipliziert: $\xi_k = \xi \cdot \varepsilon_k$ $(k = 0, \ldots n-1)$. Ist ferner $u = \alpha = |\alpha| \cdot e^{i\varphi}$ eine komplexe Zahl, so ist eine spezielle Losung von (3) gegeben durch $\xi = \sqrt[n]{|\alpha|} \cdot e^{i\frac{\varphi}{n}}$, wobei $\sqrt[n]{|\alpha|}$ die positive n-te Wurzel aus der positiven Zahl $|\alpha|$ bedeutet. In diesem Falle konnen also die n Losungen

(4) $$\xi_k = \sqrt[n]{|\alpha|} \cdot e^{\frac{i(\varphi+2k\pi)}{n}} \quad (k = 0, \ldots n-1)$$

von (3) unmittelbar hingeschrieben werden.

Unter diesen Umstanden ist es nicht zu verwundern, daß die binomischen Gleichungen lange Zeit als die Gleichungsnormalformen angesehen wurden, und daß dementsprechend die Zuruckfuhrung einer beliebigen algebraischen Gleichung auf binomische Hilfsgleichungen fur das Grundproblem der algebraischen Gleichungstheorie galt[1]). Daß eine derartige Reduktion bei der allgemeinen Gleichung dritten und vierten Grades moglich ist, wird in den nachsten Paragraphen gezeigt werden. Doch sei bereits hier darauf hingewiesen, daß die einseitige Bevorzugung der binomischen Gleichungen dem von der modernen Algebra erreichten Standpunkt nicht mehr entspricht.

§ 18. Gleichung dritten Grades.

Gegeben sei mit beliebigen Beiwerten die Gleichung

(1) $$x^3 + ax^2 + bx + c = 0.$$

Indem man $y = x + \frac{a}{3}$ an Stelle von x einfuhrt, kommt

[1]) Statt von der „Zurückführung auf binomische Hilfsgleichungen" spricht man gewohnlich von der „Auflosung durch Wurzelzeichen" oder „durch Radikale" Die Auflosung der Gleichung dritten und vierten Grades durch Radikale war die erste große Leistung der modernen Mathematik; vgl. § 22. Nach diesem Erfolg war es verständlich, daß man sich jahrhundertelang abmühte, auch die allgemeine Gleichung fünften Grades in entsprechender Weise zu losen Erst Abel hat die Aussichtslosigkeit dieses Versuchs gezeigt; vgl. § 38.

man zu einer neuen Gleichung

$$(2)\qquad y^3 + py + q = 0$$

$$\left(p = \frac{-a^2}{3} + b,\ q = \frac{2a^3}{27} - \frac{ab}{3} + c\right),$$

bei der der Beiwert der zweiten Potenz der Unbekannten gleich 0 ist. Zur Auflosung von (2) braucht man entweder tieferliegende theoretische Überlegungen oder einen geschickten, aber einigermaßen versteckten Kunstgriff. Wir wahlen den Kunstgriff, und zwar benutzen wir die alteste, von Cardano bzw. Tartaglia (vgl. § 22) stammende Methode. Durch die Substitution $y = u + v$ gehen wir von (2) zu einer neuen Gleichung

$$(3)\qquad \begin{aligned} &u^3 + 3u^2v + 3uv^2 + v^3 + pu + pv + q = \\ &u^3 + v^3 + q + (u + v)\,(3uv + p) = 0 \end{aligned}$$

über, und suchen dann u und v so zu bestimmen, daß einzeln

$$(4a)\qquad u^3 + v^3 + q = 0 \qquad\qquad (4b)\quad 3uv + p = 0$$

wird. Indem wir (4b) in der Form $3uv = -p$ schreiben und beide Seiten in die dritte Potenz erheben, kommen wir fur u^3 und v^3 zu den Gleichungen:

$$(5a)\qquad u^3 + v^3 = -q \qquad\qquad (5b)\quad u^3v^3 = \frac{-p^3}{27}.$$

Aus (5a) und (5b) erhalt man muhelos:

$$(6a)\qquad u^3 = -\frac{q}{2} + \sqrt{\frac{q^2}{4} + \frac{p^3}{27}}$$

$$(6b)\qquad v^3 = -\frac{q}{2} - \sqrt{\frac{q^2}{4} + \frac{p^3}{27}}$$

$$(7a)\qquad u = \sqrt[3]{-\frac{q}{2} + \sqrt{\frac{q^2}{4} + \frac{p^3}{27}}}$$

(7b) $$v = \sqrt[3]{-\frac{q}{2} - \sqrt{\frac{q^2}{4} + \frac{p^3}{27}}}.$$

Dabei sind in (7a) und (7b) die an und fur sich nur bis auf eine Potenz von $\varepsilon = e^{\frac{2\pi i}{3}}$ eindeutig bestimmten dritten Wurzeln so festzulegen, daß nicht nur $u^3 v^3 = -\frac{p^3}{27}$, sondern sogar $uv = \frac{-p}{3}$ wird. Denken wir uns diese Festlegung irgendwie getroffen, so besitzt das Gleichungssystem (4a), (4b) wegen $\varepsilon^3 = 1$ außer der einen Losung u, v offenbar noch die beiden weiteren Losungen εu, $\varepsilon^2 v$ und $\varepsilon^2 u$, εv. Fur (2) bzw. (1) erhalt man also die folgenden drei, im allgemeinen verschiedenen Losungen:

(8) $$y_1 = u + v,\ y_2 = \varepsilon u + \varepsilon^2 v,\ y_3 = \varepsilon^2 u + \varepsilon v,$$

(9) $$x_1 = y_1 - \frac{a}{3},\ x_2 = y_2 - \frac{a}{3},\ x_3 = y_3 - \frac{a}{3}.$$

Die Diskriminante $d = ((x_1 - x_2)\cdot(x_1 - x_3)\cdot(x_2 - x_3))^2$ von (1) ist offenbar gleich der Diskriminante $((y_1 - y_2)\cdot(y_1 - y_3)\cdot(y_2 - y_3))^2$ von (2), und eine nicht allzu schwierige Rechnung liefert fur d, u, v die Darstellungen:

(10) $$d = -4p^3 - 27q^2;$$

(11) $$u = \sqrt[3]{-\frac{q}{2} + \sqrt{\frac{-d}{108}}},\ v = \sqrt[3]{-\frac{q}{2} - \sqrt{\frac{-d}{108}}}.$$

Nach § 6 wird namlich d wegen $y_1 + y_2 + y_3 = 0$ ein Polynom in $p = y_1 y_2 + y_1 y_3 + y_2 y_3$ und $q = -y_1 y_2 y_3$, also eine Linearkombination von gewissen Potenzprodukten $p^l \cdot q^m$. Aus der Tatsache, daß d eine homogene Form 6. Grades in y_1, y_2, y_3 ist, folgt weiter, daß auch jeder Term $p^l \cdot q^m$ eine

Form 6. Grades sein muß. D. h. aber, es wird $d = \xi \cdot p^3 + \eta\, q^2$. Betrachtet man schließlich speziell $y^3 - 1$ ($p = 0$, $q = -1$; $y_1 = 1$, $y_2 = \varepsilon$, $y_3 = \varepsilon^2$) und $y^3 - y$ ($p = -1$, $q = 0$, $y_1 = 0$, $y_2 = 1$, $y_3 = -1$), so findet man durch explizite Berechnung von d sofort. $\eta = -27$, $\xi = -4$. Führt man $i\sqrt{3} = \varepsilon - \varepsilon^2$ ein, so kann man statt (11) auch schreiben

$$(12)\quad u = \sqrt[3]{-\frac{q}{2} + \frac{\varepsilon - \varepsilon^2}{18}\sqrt{d}}, \quad v = \sqrt[3]{-\frac{q}{2} - \frac{\varepsilon - \varepsilon^2}{18}\sqrt{d}}.$$

Wir betrachten nun eine Gleichung (1) mit reellen Beiwerten. Dann bestehen zwei Möglichkeiten

a) Die Wurzeln x_1, x_2, x_3 von (1) sind alle reell. In diesem Falle wird offenbar $d = ((x_1 - x_2) \cdot (x_1 - x_3) \cdot (x_2 - x_3))^2 \geqq 0$, und es sind, wie aus (11) zu ersehen, die Hilfsgrößen u, v komplex. (Wegen der Realität von $u + v$ natürlich konjugiert.)

b) Es ist eine Wurzel, etwa $x_1 = r_1$, reell, während die beiden anderen Wurzeln konjugiert komplex sind, $x_2 = s + it$, $x_3 = \bar{x}_2 = s - it$ (s, t reell, $t \neq 0$). Dann wird $d = ((r - s - it) \cdot (r - s + it) \cdot 2it)^2 = -4t^2 \cdot ((r-s)^2 + t^2)^2 < 0$, und es können und müssen bei der Darstellung der reellen Wurzel $x_1 = u + v$ die Hilfsgrößen u, v reell gewählt werden.

Außer dem auf die Hilfsgrößen u, v bezüglichen Ergebnis haben wir also den Satz gewonnen.

Eine Gleichung (1) *mit reellen Beiwerten hat eine oder drei (im letzteren Fall nicht notwendig durchweg verschiedene) reelle Lösungen, je nachdem ob $d < 0$ oder $d \geqq 0$ ist.*

§ 19. Trigonometrische Behandlung des „casus irreducibilis“.

Wir betrachten eine kubische Gleichung (2) $y^3 + py + q = 0$, mit reellen Beiwerten und positiver Diskriminante d Nach § 18 wird durch die „Cardanische Formel“ (8) jede der drei reellen Wurzeln von (2) als Summe von zwei konjugiert komplexen Summanden dargestellt. In einer Zeit, in der das Rechnen mit den komplexen Zahlen noch gar nicht bekannt oder auch nur noch nicht einwandfrei begründet war, mußte dieses Verhalten als ein Versagen der Cardanischen Formel gedeutet werden, und dieser Auffassung entspricht die noch heute übliche Bezeichnung „casus irreducibilis" für den Fall einer kubischen Gleichung mit reellen Beiwerten und positiver Diskriminante.

Heute bedeutet die Darstellung einer reellen Zahl durch zwei konjugiert komplexe Summanden in keiner Weise mehr etwas besonders Merkwürdiges, und man wird höchstens fragen, ob es nicht möglich ist, bei drei reellen Wurzeln der Cardanischen Formel eine andre Formel an die Seite zu stellen, bei der mindestens eine der drei Wurzeln ausschließlich durch reelle Hilfsgrößen ausgedrückt wird. Die Antwort lautet verneinend, wenn man als Hilfsgrößen nur „Radikale" (also Wurzeln von binomischen Gleichungen) beliebigen Grades zuläßt. Leider verbietet es der Platzmangel, auf den im Grundgedanken nicht schwierigen Beweis näher einzugehen Dagegen zeigen wir jetzt durch eine einfache Umformung der Cardanischen Formel:

Die Wurzeln der kubischen Gleichung $y^3 + py + q = 0$ können im Falle $d > 0$ in der reellen Gestalt

(1) $$y_1 = 2\sqrt{\frac{-p}{3}}\cos\frac{\varphi}{3}, \quad y_2 = 2\sqrt{\frac{-p}{3}}\cos\frac{2\pi+\varphi}{3},$$
$$y_3 = 2\sqrt{\frac{-p}{3}}\cos\frac{4\pi+\varphi}{3}$$

dargestellt werden, wobei $\cos\frac{\varphi}{3}$, $\cos\frac{2\pi+\varphi}{3}$, $\cos\frac{4\pi+\varphi}{3}$ die drei Nullstellen der folgenden „Winkeldrittelungsgleichung" sind:

(2) $$4z^3 - 3z = \cos\varphi = \frac{-q}{2\sqrt{\frac{-p^3}{27}}}.$$

Setzt man nämlich $-\frac{q}{2} + i\sqrt{\frac{d}{108}} = r\cdot(\cos\varphi + i\sin\varphi)$, so ergibt sich sofort

$$u = \sqrt[3]{r\,(\cos\varphi + i\sin\varphi)} = \sqrt[3]{r}\left(\cos\frac{\varphi}{3} + i\cdot\sin\frac{\varphi}{3}\right),$$
$$\varepsilon\,u = \sqrt[3]{r}\cdot\left(\cos\frac{2\pi+\varphi}{3} + i\sin\frac{2\pi+\varphi}{3}\right),$$
$$\varepsilon^2\,u = \sqrt[3]{r}\left(\cos\frac{4\pi+\varphi}{3} + i\sin\frac{4\pi+\varphi}{3}\right),$$

und daraus folgt weiter

$$y_1 = u - u = 2 \cdot \sqrt[3]{r} \cdot \cos \frac{\varphi}{3}, y_2 = \varepsilon u + \overline{\varepsilon u} = 2 \sqrt[3]{r} \cdot \cos \frac{2\pi + \varphi}{3},$$

$$y_3 = \varepsilon^2 \cdot u + \overline{\varepsilon^2 \cdot u} = 2 \cdot \sqrt[3]{r} \cdot \cos \frac{4\pi + \varphi}{3}.$$ Andererseits findet man für r bzw. $\cos \varphi$ sofort die Werte $\sqrt{\frac{-p^3}{27}}$ und $\frac{-q}{2\sqrt{\frac{-p^3}{27}}}$, und daß für $z = \cos \frac{2k\pi + \varphi}{3}$ $(k = 0, 1, 2)$ die Gleichung (2) gilt, folgt unmittelbar aus dem Additionstheorem des Cosinus.

Formel (1) heißt die „trigonometrische" Lösung der kubischen Gleichung (2) in § 18 mit positiver Diskriminante. Algebraisch ist sie vor allem deshalb bemerkenswert, weil sich hier an einem einfachen Beispiel zeigt, daß es mitunter zweckmäßig sein kann, neben den „Radikalen", also den Wurzeln der binomischen Gleichungen, auch die Nullstellen von andern Gleichungstypen einfacher Art (in unserm Fall der Winkelteilungsgleichungen) als „Normalhilfsgrößen" bei der Auflösung gegebener Gleichungen zu verwenden.

§ 20. Auflösung der allgemeinen Gleichung vierten Grades.

Die Auflösung der Gleichung vierten Grades

$$(1) \qquad x^4 - a_1 x^3 + a_2 x^2 - a_3 x + a_4 = \prod_1^4 (x - \alpha_i) = 0$$

kann auf die Lösung einer Hilfsgleichung („Resolvente") dritten Grades zurückgeführt werden, und zwar in einfachster und durchsichtigster Weise dadurch, daß man aus den Wurzeln α_i von (1) die Linearverbindungen

$$(2) \qquad \beta_1 = \alpha_1 + \alpha_2 - \alpha_3 - \alpha_4, \; \beta_2 = \alpha_1 - \alpha_2 + \alpha_3 - \alpha_4, \; \beta_3 = \alpha_1 - \alpha_2 - \alpha_3 + \alpha_4$$

bildet. Man sieht dann sofort: Bei irgend einer Vertauschung von $\alpha_1, \alpha_2, \alpha_3, \alpha_4$ vertauschen sich $\beta_1^2, \beta_2^2, \beta_3^2$ nur untereinander. Die symmetrischen Funktionen

$$(3) \; b_1 = \beta_1^2 + \beta_2^2 + \beta_3^2, \; b_2 = \beta_1^2\beta_2^2 + \beta_1^2\beta_3^2 + \beta_2^2\beta_3^2, \; b_3 = \beta_1^2\beta_2^2\beta_3^2$$

von $\beta_1^2, \beta_2^2, \beta_3^2$ sind also auch symmetrische Funktionen von $\alpha_1, \alpha_2, \alpha_3, \alpha_4$ also nach § 6 bzw. § 9 Polynome in a_1, a_2, a_3, a_4. Die praktische Berechnung der Polynomdarstellung der b_i durch die a_k wird am besten in ähnlicher Weise durchgeführt wie die Berechnung von d in § 18. Man beachte, daß b_k eine homogene Funktion $2\cdot k$-ten Grades in $\alpha_1, \cdots \alpha_4$ ist. Im praktisch wichtigsten Spezialfall einer Gleichung $x^4 + a_2 x^2 - a_3 x + a^4 = 0$ (also für $a_1 = 0$) erhält man: $b_1 = 8a_2$, $b_2 = 16a_2^2 - 64a_4$, $b_3 = -64a_3^2$. — Löst man die kubische Resolvente von (1):

$$y^3 - b_1 y^2 + b_2 y - b_3 = 0 \tag{4}$$

und zieht man anschließend aus den erhaltenen Werten die Quadratwurzeln, so hat man damit $\beta_1, \beta_2, \beta_3$ Setzt man ferner noch

$$\beta_0 = \alpha_1 + \alpha_2 + \alpha_3 + \alpha_4 = a_1 \tag{5}$$

so ergibt sich aus (2) und (5) sofort

$$\begin{aligned} &4\alpha_1 = \beta_0 + \beta_1 + \beta_2 + \beta_3, \quad 4\alpha_2 = \beta_0 + \beta_1 - \beta_2 - \beta_3, \\ &4\alpha_3 = \beta_0 - \beta_1 + \beta_2 - \beta_3, \quad 4\alpha_4 = \beta_0 - \beta_1 - \beta_2 + \beta_3. \end{aligned} \tag{6}$$

Damit ist (1) bereits gelöst. Nur ein Punkt muß noch genauer besprochen werden: Sind η und ζ zwei beliebige Wurzeln von (4) so kann man offenbar bei beliebiger Festlegung der Vorzeichen der Quadratwurzeln $\beta_1 = \sqrt{\eta}$, $\beta_2 = \sqrt{\zeta}$ setzen. Dadurch werden nur die — an sich gleichgültigen — Nummern der Wurzeln von (1) festgelegt. (α_1 ist diejenige Wurzel von (1), die sowohl bei der Darstellung von $\sqrt{\eta}$ als auch bei der Darstellung von $\sqrt{\zeta}$ durch die α_i mit positivem Vorzeichen auftritt usw.). Durch die Setzung $\beta_1 = \sqrt{\eta}$, $\beta_2 = \sqrt{\zeta}$ ist aber dann ersichtlich β_3 einschließlich des Vorzeichens eindeutig bestimmt, es muß sich also β_3 ohne weitere Auszeichnung einer Quadratwurzel rational durch β_1, β_2 und die Beiwerte a_i von (1) ausdrücken lassen. Tatsächlich ist $\beta_1 \cdot \beta_2 \cdot \beta_3$

ersichtlich eine symmetrische Funktion von $\alpha_1, \alpha_2, \alpha_3, \alpha_4$, und man erhält, wie leicht nachzuprüfen:

$$(7)\qquad \beta_1 \cdot \beta_2 \cdot \beta_3 = a_1^3 - 4a_1 a_2 + 8a_3,$$
$$\beta_3 = (a_1^3 - 4a_1a_2 + 8a_3) \cdot (\beta_1\beta_2)^{-1}.$$

Damit ist auch das Problem der Festlegung der Quadratwurzelvorzeichen erledigt, und wir haben gleichzeitig das abschließende Resultat gewonnen Zur Lösung der Gleichung (1) vom vierten Grade hat man — von rationalen Rechenoperationen abgesehen — die kubische Resolvente (4) völlig zu lösen und anschließend zwei Quadratwurzeln zu ziehen.

Andere Möglichkeiten der Ableitung der kubischen Resolvente, vor allem ein bemerkenswerter auf Descartes zurückgehender Ansatz werden im Übungsband behandelt werden. Hier sei nur noch darauf hingewiesen, daß man in ganz analoger Weise wie beim Grad 3 aus einer allgemeinen Gleichung vierten Grades mit $a_1 \neq 0$ durch die Substitution

$$(8)\qquad x = y + \frac{a_1}{4}$$

sofort eine neue Gleichung $y^4 + a_2'y^2 - a_3'y + a_4' = 0$ herleiten kann, bei der der Beiwert von y^3, also die Wurzelsumme gleich 0 ist. Aus diesem Grunde konnte oben gelegentlich der Fall der verschwindenden Wurzelsumme als der „praktisch wichtigste Spezialfall" bezeichnet werden.

§ 21. Zwei quadratische Gleichungen in zwei Unbekannten.

Den Ergebnissen von § 15 entsprechend betrachten wir der Einfachheit halber gleich ein homogenes Gleichungssystem

$$(1)\qquad R(x_1, x_2, x_3) = a_{11}x_1^2 + 2a_{12}x_1x_2 + \dots + a_{33}x_3^2 = 0$$
$$Q(x_1, x_2, x_3) = b_{11}x_1^2 + 2b_{12}x_1x_2 + \dots + b_{33}x_3^2 = 0$$

Der inhomogene Fall braucht dann nicht mehr besonders diskutiert zu werden, da er sich genau so auf den homogenen Fall zurückführen läßt wie in § 15. Die von uns behandelte Lösungsmethode ist vor allem deshalb von Interesse, weil sie sich geometrisch deuten läßt. (Vgl. die Kleindruckbemerkungen weiter unten). Die Moglichkeiten, daß $Q(x_1, x_2, x_3)$ und $R(x_1, x_2, x_3)$ proportional sind oder einen gemeinsamen Faktor ersten Grades besitzen, die auf unendlich viele wesentlich verschiedene Losungen fuhren, sollen ausgeschlossen sein. Ist nun etwa $R(x) = l_1(x) \cdot l_2(x)$ in zwei Linearformen zerlegbar, so zerfallt (1) in die beiden Systeme

$$(2)_\iota \qquad \begin{aligned} &Q(x_1, x_2, x_3) = 0 \\ &R(x_1, x_2, x_3) = l_\iota(x_1, x_2, x_3) = 0 \quad (\iota = 1, 2) \end{aligned}$$

Da jedes der Systeme $(2)_\iota$ im wesentlichen genau zwei, eventuell zusammenfallende Losungen besitzt, ergeben sich fur (1) im wesentlichen vier Losungen, die in Spezialfallen in wohldefinierter Weise alle oder teilweise zusammenfallen konnen. (Ist z. B. $x_\iota = \xi_\iota$ $(\iota = 1, 2, 3)$ doppelt zahlende Losung von $(2)_1$, einfach zahlende Losung von $(2)_2$, so ist $x_\iota = \xi_\iota$ dreifache Losung von (1) usw.). — Um nun ein allgemeines System (1) auf ein spezielles der bereits erledigten Art zuruckzufuhren, beweisen wir den folgenden

Zerlegungssatz: Die quadratische Form $P(x_1, x_2, x_3) = c_{11}x_1^2 + 2c_{12}x_1x_2 + \cdots + c_{33}x_3^2$ zerfallt dann (und nur dann) in zwei Linearfaktoren $P(x_1, x_2, x_3) = l_1(x_1, x_2, x_3) \cdot l_2(x_1, x_2, x_3)$, wenn das Gleichungssystem

$$(3) \qquad \begin{aligned} d_1(x_1, x_2, x_3) &= c_{11}x_1 + c_{12}x_2 + c_{13}x_3 = 0 \\ d_2(x_1, x_2, x_3) &= c_{21}x_1 + c_{22}x_2 + c_{23}x_3 = 0 \\ d_3(x_1, x_2, x_3) &= c_{31}x_1 + c_{32}x_2 + c_{33}x_3 = 0 \end{aligned}$$

nichttrivial losbar ist. $c_{\iota k} \equiv c_{k\iota}$ —

Es sei namlich etwa ξ_1, ξ_2, ξ_3 eine nichttriviale Losung von (3), wobei etwa $\xi_3 \neq 0$, und es werde $x_\iota = \xi_\iota y_3 - \xi_3 y_\iota (\iota = 1, 2)$; $x_3 = \xi_3 y_3$ gesetzt. Dann zeigt eine leichte Nachrechnung, daß $P(x_1, x_2, x_3) = S(y_1, y_2)$ eine quadratische Binarform in y_1, y_2 wird. Eine solche Binarform laßt sich aber (ebenso wie ein quadratisches Polynom in einer Variabeln) unter Erweiterung des Beiwertkorpers durch eine Quadratwurzel stets in zwei

Linearfaktoren zerlegen, und indem man nachträglich y_1, y_2 wieder durch x_1, x_2, x_3 ausdrückt, $(y_i = \xi_3^{-2} \xi_i\, x_3 - \xi_3^{-1}\, x_i)$, so erhält man. $P(x_1, x_2, x_3) = l'_1(y_1, y_2) \cdot l'_2(y_1, y_2) = l_1(x_1, x_2, x_3) \cdot l_2(x_1, x_2, x_3)$. — Die Ausnutzung des Zerlegungssatzes ermöglicht uns ein einfacher, hier als bekannt vorausgesetzter Hilfssatz aus der Determinantentheorie[1]). Das System (3) hat dann und nur dann eine (mühelos rational aus 2 der gegebenen Gleichungen berechenbare) nichttriviale Lösung, wenn für die Determinante

$$(4) \qquad |c_{ik}| = c_{11}\, c_{22}\, c_{33} - c_{11}c_{23}c_{32} + c_{12}c_{23}c_{31} - c_{12}c_{21}c_{33} + c_{13}c_{21}c_{32} - c_{13}c_{22}c_{31} = 0$$

gilt. Ist nun ein System (1) gegeben, bei dem weder $Q(x)$ noch $R(x)$ in Linearfaktoren zerfallen, so bilden wir ein mit (1) gleichwertiges System

$$(5) \qquad Q(x_1, x_2, x_3) = 0, \quad R(x_1, x_2, x_3) + \varrho \cdot Q(x_1, x_2, x_3) = 0$$

und bestimmen dabei ϱ so, daß die zu $R(x) + \varrho \cdot Q(x)$ gehörige Determinante $|a_{ik} + \varrho \cdot b_{ik}|$ verschwindet. Das ist stets möglich, denn die Ausrechnung zeigt, daß $|a_{ik} + \varrho \cdot b_{ik}| = A_0\,\varrho^3 + A_1\varrho^2 + A_2\varrho + A_3$ ein Polynom dritten Grades in ϱ darstellt, bei dem der Beiwert A_0 gleich der wegen des Nichtzerfallens von $Q(x)$ sicher von 0 verschiedenen Determinante $|b_{ik}|$ ist $R(x_1, x_2, x_3) + \varrho \cdot Q(x_1, x_2, x_3)$ kann weder zu $Q(x_1, x_2, x_3)$ proportional sein, noch mit $Q(x_1, x_2, x_3)$ einen Linearfaktor gemein haben, weil sonst das gleiche gegen Voraussetzung für $R(x_1, x_2, x_3)$ gelten müßte. Wir können daher das mit (1) äquivalente System (5) in der zu Beginn des Paragraphen beschriebenen Weise lösen, und erhalten dann das abschließende Resultat

Abgesehen von den Ausnahmefällen, daß $Q(x_1, x_2, x_3)$ und $R(x_1, x_2, x_3)$ proportional sind oder einen gemeinsamen Linear-

[1]) H Hasse, Höhere Algebra I Lineare Gleichungen, Abschnitt IV, § 22

faktor haben, besitzt das System (1) vier Losungen, die bei spezieller Wahl der Beiwerte in wohldefinierter Weise alle oder teilweise zusammenfallen konnen. Zu ihrer Bestimmung hat man i. a. außer quadratischen Gleichungen eine Hilfsgleichung dritten Grades in einer Unbekannten zu losen.

Allerdings ist zur Vielfachheitsbestimmung bei Zusammenfallen der Losungen noch zu bemerken, daß diese bei uns von der Wahl des Systems (5), d. h. von der speziellen Wahl der Nullstelle ϱ des Polynoms $|\,a_{ik} + \varrho \cdot b_{ik}\,|$ abhangt. Es kann aber gezeigt werden, das es tatsachlich gleichgultig ist, welche der hochstens drei verschiedenen Nullstellen von $|\,a_{ik} + \varrho \cdot b_{ik}\,|$ wir benutzen. Doch ist dann eine sorgfaltige Durchdiskussion aller Einzelfalle (am besten in geometrischer Veranschaulichung) notig, die den Rahmen dieses Buches ubersteigt. — Daß bei der Losung von (1) eine Hilfsgleichung dritten Grades auftritt, ist nach den Ergebnissen von § 20 über die allgemeine Gleichung vierten Grades nicht weiter verwunderlich.

Die von uns benutzte Methode kann sehr anschaulich geometrisch gedeutet werden (vgl. die entsprechenden Ausfuhrungen am Schluß von § 15) Bei der Losung von (1) handelt es sich um die Bestimmung der Schnittpunkte zweier Kegelschnitte in der projektiven Ebene. Zerfallt nun etwa der zweite in ein Geradenpaar, so hat man die beiden Geraden einzeln mit dem ersten Kegelschnitt zu schneiden, d. h. man hat die spezielle Aufgabe, die wir zu Beginn des Paragraphen behandelten. Im allgemeinen Fall zweier nicht entarteter Kegelschnitte $Q(x_1, x_2, x_3) = 0$, $R(x_1, x_2, x_3) = 0$ aber lehrt die analytische Geometrie: $Q = 0$ und $R = 0$ haben 4, i. a. verschiedene Schnittpunkte A, B, C, D. Das durch $Q = 0$ und $R = 0$ bestimmte Kegelschnittbuschel $K_{Q,\,R}$, d. h. die Menge der Kegelschnitte, deren Gleichung sich in der Form $R + \varrho Q = 0$ darstellen laßt, besteht aus allen und nur den echten oder entarteten Kegelschnitten, die durch A, B, C, D hindurchgehen. $K_{Q,\,R}$ enthalt nun im allgemeinen Fall offenbar genau drei Geradenpaare $\widehat{AB}, \widehat{CD}$; $\widehat{AC}, \widehat{BD}$, $\widehat{AD}, \widehat{BC}$ und die Auflosung von (1) nach der Methode des Textes kann so gedeutet werden: Man bestimmt einen der drei entarteten Kegelschnitte von $K_{Q,\,R}$, zerlegt ihn in seine Einzelgeraden und schneidet diese mit $Q = 0$.

Auch der Zerlegungssatz bzw. die bei seinem Beweis benutzte Methode der Faktorzerlegung läßt sich geometrisch veranschaulichen. Während bei einem echten Kegelschnitt alle Punkte einzeln zählen, besitzt ein Geradenpaar in Gestalt seines Scheitels einen Doppelpunkt. Die nichttriviale Lösbarkeit von (1) bedeutet nun gerade das Auftreten eines Doppelpunktes bei $P(x_1, x_2, x_3) = 0$ und durch die Einführung der y_i an Stelle der x_i erreicht man beim Beweise des Zerlegungssatzes, daß der Doppelpunkt die einfachen Koordinaten $y_1 = y_2 = 0$, $y_3 = 1$ erhält. —

Das von uns für das Gleichungssystem (1) gewonnene Theorem ist vor allem deshalb wichtig, weil es den einfachsten nichttrivialen Spezialfall eines allgemeinen Satzes über Formen $\varrho_i(x_1, \ldots, x_{n+1})$ von beliebigen Graden r_i $(i = 1, \ldots, n)$ in $n + 1$ Unbestimmten darstellt, der einerseits besagt, daß das Gleichungssystem $0 = \varrho_i(x_1, \ldots, x_{n+1})$ $(i = 1, \ldots, n)$ vom Ausnahmefall unendlich vieler wesentlich verschiedener Lösungen abgesehen im wesentlichen $r_1 \cdot r_2 \cdot \ldots \cdot r_n$ Lösungen besitzt, die bei spezieller Wahl der Beiwerte in wohldefinierter Weise alle oder teilweise zusammenfallen können. Natürlich geht dieser „verallgemeinerte Bézoutsche-Satz" weit über den Rahmen unseres Buches hinaus.

§ 22. Geschichtliche Bemerkungen.

Die Auflösung der allgemeinen Gleichung dritten und vierten Grades durch Radikale bildet den Auftakt zur Entwicklung der gesamten modernen Mathematik. Italiener des 16. Jahrhunderts sind die Männer, deren Namen mit dieser ersten großen Leistung verknüpft sind. Die zweite selbständige Entdeckung der Auflösung der Gleichung dritten Grades wird Nikolaus Tartaglia (geb. Brescia um 1506, gest. Venedig 1559) zugeschrieben. (Über die Entdeckung durch Scipione del Ferro sind keine näheren Einzelheiten bekannt) — Tartaglia versäumte es, seine Ergebnisse rechtzeitig zu veröffentlichen. Er teilte vielmehr zunächst seine Entdeckung unter dem Siegel der Verschwiegenheit seinem damaligen Freunde, dem berühmten Arzt, Physiker, Mathematiker Geronimo Cardano (geb. Pavia 1501, gest. Rom 1576) mit. Cardano konnte der Versuchung nicht widerstehen, die Resultate Tartaglias (allerdings unter Namensnennung des Entdeckers) in seinem Lehrbuch „Artis magnae sive de regulis Algebrae liber unus" zu veröffentlichen (1539), ein Vertrauensbruch, der zu einem sehr häßlichen Streite mit Tartaglia führte, und der im übrigen die Ursache dafür ist, daß wir die Formeln (7), (8) von § 18 nach Cardano und nicht nach Tartaglia benennen. Doch können auch wirkliche Verdienste um die Theorie der Gleichungen dritten Grades dem Cardano nicht abgestritten werden. Er erkannte als erster die im Falle dreier reeller Wurzeln („casus irreducibilis") auftretenden Schwierigkeiten und zeigte bei ihrer Besprechung eine für seine Zeit höchst bemerkenswerte Vorahnung von der Bedeutung der komplexen Zahlen.

Die in § 18 besprochene Auflösungsmethode der Gleichung dritten Grades ist im wesentlichen die von Cardano bzw. Tartaglia. Eine andere Methode stammt von dem wissenschaftlich interessierten schlesischen Adeligen E. W. v. Tschirnhausen (1651—1708), einem Freund des großen deutschen Philosophen und Mathematikers G. W. Leibniz (1646—1716), des Schöpfers der Differential- und Integralrechnung (neben Newton), der auch für algebraische Fragen lebhaft interessiert war.

Die Zurückführung der allgemeinen Gleichung vierten Grades auf eine Hilfsgleichung dritten Grades gelang zuerst einem Schüler Cardanos, Ferrari (1522—1565). — Von dem Franzosen René Descartes (geb. La Haye 1596, gest. Stockholm 1650), der bekanntlich nicht nur ein bahnbrechender Philosoph, sondern auch ein Mathematiker ersten Ranges (vor allem der Schöpfer der analytischen Geometrie) war, stammt der Gedanke, für die auf die Normalform $y^4 + py^2 + qy + r = 0$ gebrachte Gleichung vierten Grades eine Zerlegung in zwei quadratische Faktoren zu suchen, — ein Ansatz, der im Übungsband ausführlich behandelt werden soll.

Die in § 20 dieses Bandes zur Gewinnung der kubischen Resolvente benutzte Einführung von $\beta_1^2 = (\alpha_1 + \alpha_2 - \alpha_3 - \alpha_4)^2$ ist die Methode Leonhard Eulers (geb. Basel 1707, gest. Petersburg 1783), des großen Schweizer Mathematikers, der als ein Wissenschaftler von geradezu unglaublicher Vielseitigkeit und Fruchtbarkeit in der Mitte des 18. Jahrhunderts der anerkannte Führer der europäischen Mathematiker war. Der Eulersche Ansatz gehört im Vergleich zu dem von Descartes bereits einer fortgeschrittenen Stufe der Mathematik an. Bei Descartes handelt es sich noch um einen geschickten, ausschließlich auf den Einzelfall zugeschnittenen Kunstgriff. Bei Euler liegt eine spezielle Anwendung der allgemeinen, auch sonst von Euler mit Virtuosität gehandhabten „Methode der Resolventenbildung" vor, mit der wir uns in § 26 ausführlich beschäftigen werden. Die Entwicklungen in § 20 weisen also gewissermaßen bereits über den elementaren Rahmen von Abschnitt III hinaus.

Abschnitt IV. Höhere Gleichungstheorie.

§ 23. Der Körpergrad.

Es sei $\mathfrak{K}$ ein beliebiger Korper mit den Elementen a, b, c usw., α eine Nullstelle eines unzerlegbaren Polynoms $p(x) = x^n + a_1x^{n-1} + \ldots + a_n$ vom Grade n aus $\mathfrak{K}[x]$. $\mathfrak{K}(\alpha)$ sei der kleinste, das Element α enthaltende Oberkorper von $\mathfrak{K}$. Dann gehort zu $\mathfrak{K}(\alpha)$ jedenfalls der Bereich $\mathfrak{K}[\alpha]$ aller Polynome $c(\alpha) = c_m\alpha^m + c_{m-1}\alpha^{m-1} + \ldots + c_0$ mit Beiwerten c_i aus $\mathfrak{K}$, und es gilt dabei offenbar der Satz, daß dann und nur dann $c_1(\alpha) = c_2(\alpha)$, wenn $c_1(x) - c_2(x) = p(x) \cdot q(x)$, d. h. $c_1(x) \equiv c_2(x)\,(p(x))$. Das heißt aber: Bis auf eine unwesentliche Abweichung in der Bezeichnungsweise (α statt $\bar{x}$, $c(\alpha)$ statt $\overline{c(x)}$) ist hinsichtlich des rationalen Rechnens der Bereich $\mathfrak{K}[\alpha]$ identisch mit dem Restklassenring $\overline{\mathfrak{K}} = \mathfrak{K}[x] \mid p(x)$, sofern man bei $\overline{\mathfrak{K}}$ jede ein Element a aus $\mathfrak{K}$ enthaltende Restklasse geradezu mit a identifiziert. Nach § 7 stellt aber $\overline{\mathfrak{K}}$ bereits einen Korper dar, und wegen der Minimaleigenschaft von $\mathfrak{K}(\alpha)$ muß somit $\mathfrak{K}(\alpha) = \mathfrak{K}[\alpha]$ werden. Da ferner jedes Polynom $c(x)$ modulo $p(x)$ einem eindeutig bestimmten Polynom $c^*(x)$ hochstens $(n-1)$-ten Grades kongruent ist, haben wir den Satz: In $\mathfrak{K}(\alpha)$ laßt sich jedes Element γ eindeutig in der Gestalt $\gamma = c^*_{n-1}\alpha^{n-1} + \ldots + c^*_0$, d. h. als Linearform in $\alpha^{n-1}, \alpha^{n-2}, \ldots, 1$ mit Beiwerten aus $\mathfrak{K}$ darstellen.

Wir definieren jetzt allgemein: Ist $\mathfrak{L}$ ein Oberkorper von $\mathfrak{K}$ mit den Elementen $\alpha, \beta, \gamma, \ldots$, so sollen m Elemente $\alpha_1, \ldots, \alpha_m$ aus $\mathfrak{L}$ „uber $\mathfrak{K}$ linear abhangig" heißen, wenn eine Beziehung $a_1\alpha_1 + \ldots + a_m\alpha_m = 0$ mit nicht samtlich verschwindenden Beiwerten a_i aus $\mathfrak{K}$ besteht. Anderenfalls sollen $\alpha_1, \ldots, \alpha_m$ „uber $\mathfrak{K}$ linear unabhangig" genannt werden. Gibt es n, aber nicht mehr uber $\mathfrak{K}$ linear unabhangige Elemente in $\mathfrak{L}$, so sagen wir $\mathfrak{L}$ besitze uber $\mathfrak{K}$ den Grad n und schreiben $\mathfrak{L}.\mathfrak{K} = n$. Läßt sich andererseits jedes Element α aus $\mathfrak{L}$ eindeutig in der Form $\alpha = a_1\alpha_1 + \ldots + a_m\alpha_m$ darstellen, wobei die α_i feste Elemente aus $\mathfrak{L}$, die a_i geeignete Beiwerte aus $\mathfrak{K}$ sind, so nennen wir $\alpha_1, \ldots, \alpha_m$ eine Linearbasis von $\mathfrak{L}$ über $\mathfrak{K}$.

Hilfssatz: $\mathfrak{L}$ besitzt dann und nur dann eine Linearbasis von genau n Elementen über $\mathfrak{K}$, wenn $\mathfrak{L}.\mathfrak{K} = n$ ist, und zwar bilden in diesem Falle irgendwelche n über $\mathfrak{K}$ linear unabhängige Elemente aus $\mathfrak{L}$ eine solche Basis.

a) Es sei $\mathfrak{L}.\mathfrak{K} = n$ und es seien $\alpha_1, \ldots, \alpha_n$ über $\mathfrak{K}$ linear unabhängige Elemente aus $\mathfrak{L}$. Dann muß für jedes α aus $\mathfrak{L}$ eine Relation $a_0\alpha + a_1\alpha_1 + \ldots + a_n\alpha_n = 0$ mit nicht durchweg verschwindenden Beiwerten a_i bestehen, und es muß dabei insbesondere $a_0 \neq 0$ sein, weil sonst $\alpha_1, \ldots, \alpha_n$ gegen Voraussetzung über $\mathfrak{K}$ linear abhängig wären. Wir haben also $\alpha = -a_0^{-1} \cdot \sum\limits_1^n a_i\alpha_i$, und diese Darstellung ist eindeutig, weil aus $\sum\limits_1^n b_i\alpha_i = \sum\limits_1^n c_i\alpha_i$, d. h. $\sum\limits_1^n (b_i - c_i)\alpha_i = 0$ stets $b_i - c_i = 0$ $(i = 1, \ldots, n)$ folgt. $\alpha_1, \ldots, \alpha_n$ bilden also eine Linearbasis über $\mathfrak{K}$. b) Ist $\alpha_1, \ldots, \alpha_n$ eine Linearbasis von $\mathfrak{L}$ über $\mathfrak{K}$, so müssen zunächst $\alpha_1, \ldots, \alpha_n$ über $\mathfrak{K}$ linear unabhängig sein. Denn wäre etwa $\alpha_1 a_1 + \ldots + \alpha_n a_n = 0$ $(a_1 \neq 0)$, so wären $1 \cdot \alpha_1 + 0 \cdot \alpha_2 + \ldots + 0 \cdot \alpha_n = \alpha_1$ und $0 \cdot \alpha_1 - (a_2 \cdot a_1^{-1})\alpha_2 - \ldots - (a_n \cdot a_1^{-1})\alpha_n = \alpha_1$ zwei verschiedene Darstellungen von α_1. Es bleibt nur noch zu zeigen, daß $\mathfrak{L}$ nicht mehr als n über $\mathfrak{K}$ linear unabhängige Elemente enthält, und dazu beweisen wir gleich etwas allgemeiner: Es seien $\beta_1, \ldots, \beta_m$ bzw. a_{ik} $(i = 1, \ldots, m+1;\ k = 1, \ldots, m)$ beliebige Elemente aus $\mathfrak{L}$ bzw. $\mathfrak{K}$. Dann sind $\gamma_i = \sum\limits_{k=1}^{m} a_{ik}\beta_k$ $(i = 1, \ldots, m+1)$ stets über $\mathfrak{K}$ linear abhängig. Die Behauptung stimmt jedenfalls für $m = 1$, denn hier haben wir $a_{21}\gamma_1 - a_{11}\gamma_2 = 0$. Beim Beweis fur beliebiges m durfen wir daher die Richtigkeit der Behauptung fur $m-1$ voraussetzen. Ist nun etwa $a_{m+1,\,m} \neq 0$, so sind die Elemente $\delta_\iota = \gamma_\iota - a_{\iota,\,m} \cdot a_{m+1,\,m}^{-1} \cdot \gamma_{m+1}$ $(\iota = 1, \ldots m)$ linear abhangig, weil durch $\beta_1, \ldots, \beta_{m-1}$ allein darstellbar. Es besteht also eine Gleichung $c_1\delta_1 + \ldots + c_m\delta_m = 0$ mit nicht samtlich verschwindenden Beiwerten c_ι aus $\mathfrak{K}$, und daraus folgt weiter $c_1\gamma_1 + \ldots + c_m\gamma_m + c_{m+1}\gamma_{m+1} = 0$ $(c_{m+1} = -a_{m+1,\,m}^{-1} \cdot (c_1 a_{1,\,m} + \ldots + c_m a_{m,\,m}))$. Damit ist der Hilfssatz bewiesen[1]). Aus ihm ergibt sich zunachst:

Hat $\mathfrak{M}$ uber $\mathfrak{K}$ einen endlichen Grad, so gilt das Gleiche fur jeden Korper $\mathfrak{L}$ zwischen $\mathfrak{K}$ und $\mathfrak{M}$. Ist $p(x)$ ein uber $\mathfrak{K}$ unzerlegbares Polynom vom Grade n, α eine Nullstelle von $p(x)$, so hat der Korper $\mathfrak{L} = \mathfrak{K}(\alpha)$ im Sinne unserer allgemeinen Definition uber $\mathfrak{K}$ den Grad n, — $\mathfrak{L}:\mathfrak{K} = n$ —. Weiter erhalten wir: Sind $p(x)$ und $q(x)$ zwei uber $\mathfrak{K}$ unzerlegbare Polynome mit den Gradzahlen m bzw. n und den Nullstellen α bzw. β und ist $\mathfrak{K}(\alpha) = \mathfrak{K}(\beta)$, so muß $m = \mathfrak{K}(\alpha) : \mathfrak{K} = \mathfrak{K}(\beta) : \mathfrak{K} = n$ sein.

Vor allem aber gilt der fundamentale

Gradsatz: *Ist $\mathfrak{L}$ ein Oberkorper von $\mathfrak{K}$ vom Grade l, $\mathfrak{M}$ ein Oberkorper von $\mathfrak{L}$ vom Grade m, — ($\mathfrak{L}:\mathfrak{K} = l$, $\mathfrak{M}:\mathfrak{L} = m$) —, so hat $\mathfrak{M}$ uber $\mathfrak{K}$ den Grad $l \cdot m$ ($\mathfrak{M}:\mathfrak{K} = l \cdot m$).*

Es sei $\alpha_1, \ldots, \alpha_l$ bzw. $\beta_1, \ldots, \beta_m$ eine Linearbasis von $\mathfrak{L}$ uber $\mathfrak{K}$ bzw. $\mathfrak{M}$ uber $\mathfrak{L}$. Dann braucht man nur zu zeigen, daß die $l \cdot m$ Elemente $\alpha_\iota \cdot \beta_k$ eine Linearbasis von $\mathfrak{M}$ uber $\mathfrak{K}$ bilden. Ist nun γ beliebig aus $\mathfrak{M}$, so haben wir zunachst

[1]) Kenner der linearen Algebra seien noch an das folgende (bei uns ganz gelegentlich und an nebensachlichen Stellen benutzte) Theorem erinnert Sind $\beta_1, \ldots, \beta_m$ uber $\mathfrak{K}$ linear unabhangig, so sind fur $l \leqq m$ die Elemente $\gamma_\iota = \sum_{k=1}^{m} a_{\iota k}\beta_k$ $(\iota = 1, \ldots, l)$ dann und nur dann auch ihrerseits über $\mathfrak{K}$ linear unabhangig wenn mindestens eine der Determinanten l-ten Grades, die man aus der Matrix $a_{\iota k}$ $(\iota = 1, \ldots, l,\ k = 1, \ldots, m)$ bilden kann, nicht verschwindet (vgl hierzu Hasse I a. a. O. § 19).

$\gamma = \sum_{1}^{m} \lambda_k \beta_k$ mit zu $\mathfrak{L}$ gehörigen λ_k, und für die λ_k gelten Gleichungen $\lambda_k = \sum_{\iota=1}^{l} a_{k\iota} \alpha_\iota$ mit zu $\mathfrak{K}$ gehörigen $a_{k\iota}$, es wird also $\gamma = \sum_{\iota=1}^{l} \sum_{k=1}^{m} a_{k\iota} (\alpha_\iota \cdot \beta_k)$. — Soll ferner $\gamma = \sum_{k=1}^{m} \left(\sum_{\iota=1}^{l} a_{k\iota} \alpha_\iota \right) \cdot \beta_k = 0$ sein, so folgt zunächst wegen der linearen Unabhängigkeit von $\beta_1, \ldots, \beta_m$ über $\mathfrak{L}$: $\sum_{\iota=1}^{l} a_{k\iota} \alpha_\iota = 0$, und daraus ergibt sich wegen der linearen Unabhängigkeit von $\alpha_1, \ldots, \alpha_l$ über $\mathfrak{K}$ weiter $a_{k\iota} = 0$.

Aus dem Gradsatz folgt insbesondere: $\mathfrak{M}$ hat über $\mathfrak{K}$ dann und nur dann einen endlichen Grad, wenn $\mathfrak{M}$ ein endlicher algebraischer Oberkörper von $\mathfrak{K}$ ist, d. h. wenn $\mathfrak{M} = \mathfrak{K}(\alpha_1, \ldots, \alpha_m)$ aus $\mathfrak{K}$ durch Hinzunahme von endlich vielen Elementen $\alpha_1, \ldots, \alpha_m$ entsteht, wobei jedes einzelne α_ι über $\mathfrak{K}$ algebraisch, also Nullstelle eines Polynoms $p(x)$ aus $\mathfrak{K}[x]$ ist. a) Es sei $\mathfrak{M} : \mathfrak{K} = m$, und es sei etwa $\alpha_1, \ldots, \alpha_m$ eine Linearbasis von $\mathfrak{M}$ über $\mathfrak{K}$, dann wird sicher $\mathfrak{M} = \mathfrak{K}(\alpha_1, \ldots, \alpha_m)$. Andererseits muß j e d e s Element α aus $\mathfrak{M}$ über $\mathfrak{K}$ algebraisch sein, weil die $m + 1$ Elemente $1, \alpha, \alpha^2, \ldots, \alpha^m$ sicher über $\mathfrak{K}$ linear abhängig sind. b) Es sei $\mathfrak{M} = \mathfrak{K}(\alpha_1, \ldots, \alpha_m)$, wobei alle α_ι über $\mathfrak{K}$ algebraisch sind. Ferner werde $\mathfrak{K} = \mathfrak{K}_0$, $\mathfrak{K}(\alpha_1) = \mathfrak{K}_1, \ldots, \mathfrak{K}(\alpha_1, \ldots, \alpha_\iota) = \mathfrak{K}_\iota$ $(\iota = 1, \ldots, m)$ gesetzt. n_ι bedeute den Grad des unzerlegbaren Polynoms $p_\iota(x)$ aus $\mathfrak{K}_{\iota-1}[x]$, das α_ι zur Nullstelle hat. Dann wird nach einer Folgerung aus dem Hilfssatz $\mathfrak{K}_\iota : \mathfrak{K}_{\iota-1} = n_\iota$ wegen $\mathfrak{K}_\iota = \mathfrak{K}_{\iota-1}(\alpha_\iota)$, und aus dem Gradsatz folgt durch $(m-1)$-malige Anwendung weiter: $\mathfrak{M} : \mathfrak{K} = \mathfrak{K}_m : \mathfrak{K}_0 = n_1 \cdot n_2 \cdot \ldots \cdot n_m$. — Ist α Nullstelle eines unzerlegbaren Polynoms n-ten Grades aus $\mathfrak{K}[x]$, $\mathfrak{M}$ ein α enthaltender endlicher algebraischer Oberkörper von $\mathfrak{K}$, so ist $\mathfrak{M} : \mathfrak{K}$ nach dem Gradsatz durch $\mathfrak{K}(\alpha) : \mathfrak{K} = n$ teilbar. Daraus folgt insbesondere.

Ist $\mathfrak{M}$ ein Quadratwurzelkorper uber $\mathfrak{K}$, $p(x)$ ein uber $\mathfrak{K}$ unzerlegbares Polynom vom Grade n, so kann nur dann eine Nullstelle α von $p(x)$ in $\mathfrak{M}$ liegen, wenn $n = 2^m$ eine Potenz von 2 ist. (Man beachte, daß nach dem Gradsatz $\mathfrak{M} . \mathfrak{K}$ eine Zweier-Potenz sein muß)

Verknupft man dieses Resultat mit den Überlegungen von § 16, so ergibt sich sofort die Unmoglichkeit der Wurfelverdoppelung. Aber auch die Unmoglichkeit, jeden beliebigen Winkel mit Zirkel und Lineal zu dritteln, kann jetzt leicht nachgewiesen werden. — $\cos\varphi$ ist, wie elementar zu zeigen, eine Nullstelle des Polynoms $q(x) = 4x^3 - 3x - \cos\varphi$. Wahlt man nun z. B φ so, daß $\cos\varphi = \frac{1}{3}$ wird, so erweist sich $q(x) = 4x^3 - 3x - \frac{1}{3}$ oder, was auf dasselbe herauskommt, $3 \cdot q(x) = 12x^3 - 9x - 1$ nach dem Schonemann-Eisensteinschen Satze von § 12 als unzerlegbar uber dem Korper $\mathfrak{K}_0$ der rationalen Zahlen. Dann ist aber $q(x)$ auch uber dem durch Hinzunahme von $\cos\varphi$ und $\sin\varphi$ aus $\mathfrak{K}_0$ entstehenden Korper $\mathfrak{K}$ unzerlegbar. Denn $\cos\varphi = \frac{1}{3}$ gehort bereits zu $\mathfrak{K}_0$, und die Hinzunahme von $\sin\varphi = \frac{\sqrt{8}}{3}$ kann nach unseren Gradsatzen $q(x)$ nicht zerlegbar machen. — Weiter erkennt man z. B unter Berucksichtigung von § 20, daß ein geometrisches Problem, das auf die Auflosung einer Gleichung vierten Grades fuhrt, i. a. mit Zirkel und Lineal unlosbar ist.

§ 24. Der Gleichberechtigungssatz (Isomorphiesatz).

Im § 23 hatten wir gesehen. Ist α eine beliebige Nullstelle eines uber dem Korper $\mathfrak{K}$ unzerlegbaren Polynoms $p(x)$, so unterscheidet sich der Korper $\mathfrak{K}(\alpha)$ vom Restklassenkorper $\mathfrak{K}[x] \mid p(x)$ hinsichtlich des rationalen Rechnens nur durch die Bezeichnung (α statt x, $a(\alpha)$ statt $\overline{a(x)}$). Da diese Feststellung fur j e d e Nullstelle von $p(x)$ gilt, erhalten wir sofort den fur die gesamte hohere Algebra grundlegenden

G l e i c h b e r e c h t i g u n g s s a t z: *Sind α und β zwei Nullstellen desselben uber $\mathfrak{K}$ unzerlegbaren Polynoms $p(x)$, so unter-*

scheiden sich die Körper $\mathfrak{K}(\alpha)$ *und* $\mathfrak{K}(\beta)$ *hinsichtlich des rationalen Rechnens nur durch die Bezeichnungsweise und zwar insofern, als überall dort, wo bei* $\mathfrak{K}(\alpha)$ *der Buchstabe* α *steht, bei* $\mathfrak{K}(\beta)$ *der Buchstabe* β *einzusetzen ist.* Oder anders ausgedrückt: Jedes System von richtigen rationalen Beziehungen zwischen α und den Elementen von $\mathfrak{K}$ geht über in ein gleichfalls richtiges Beziehungssystem zwischen β und den Elementen von $\mathfrak{K}$, indem man mechanisch überall β anstelle von α schreibt.

Dabei brauchen $\mathfrak{K}(\alpha)$ und $\mathfrak{K}(\beta)$ nicht verschieden zu sein. Ist z. B. $\mathfrak{K} = \mathfrak{K}_r$ der Körper aller reellen Zahlen, so wird $\mathfrak{K}_r(i) = \mathfrak{K}_r(-i) = \mathfrak{K}_k$ gleich dem Körper aller komplexen Zahlen. Gleichwohl ist das mechanische Ersetzen von $+i$ durch $-i$, also der Übergang zum „konjugiert Komplexen" — nicht nur für die Algebra — von der allergrößten Wichtigkeit.

Die Bedeutung des Gleichberechtigungssatzes möge an einem einfachen Beispiel klargemacht werden: Es sei $a(x,\alpha)$ ein Polynom in der Unbestimmten x mit Beiwerten aus $\mathfrak{K}(\alpha)$, das die Zerlegung $a(x,\alpha) = \prod_{i=1}^{m} p_i(x,\alpha)$ in die über $\mathfrak{K}(\alpha)$ unzerlegbaren Faktoren $p_i(x,\alpha)$ besitzt. Dann besitzt das Polynom $a(x,\beta)$ mit Beiwerten aus $\mathfrak{K}(\beta)$ die Zerlegung $a(x,\beta) = \prod_{i=1}^{m} p_i(x,\beta)$ in die über $\mathfrak{K}(\beta)$ unzerlegbaren Faktoren $p_i(x,\beta)$ Denn die Polynomgleichung $a(x,\alpha) = \prod_{i=1}^{m} p_i(x,\alpha)$ ist, weil rechts und links die einzelnen Beiwerte übereinstimmen müssen, äquivalent mit einem gewissen System von rationalen Beziehungen zwischen α und den Elementen von $\mathfrak{K}$. Indem wir nun mechanisch überall β statt α schreiben, kommen wir sofort zu der Gleichung $a(x,\beta) = \prod_{i=1}^{m} p_i(x,\beta)$. Wäre weiter etwa $p_i(x,\beta)$ über $\mathfrak{K}(\beta)$ zerlegbar, $p_i(x,\beta) = q_i(x,\beta)\cdot r_i(x,\beta)$, so folgte daraus rückwärts durch eine nochmalige Anwendung des Gleichberechtigungssatzes $p_i(x,\alpha) = q_i(x,\alpha)\cdot r_i(x,\alpha)$. Aus der Unzerlegbarkeit der $p_i(x,\alpha)$ über $\mathfrak{K}(\alpha)$ ergibt sich also sofort die Unzerlegbarkeit der $p_i(x,\beta)$ über $\mathfrak{K}(\beta)$. —

Dem Gleichberechtigungssatz kann eine andere Fassung gegeben werden, die sich für seine Anwendung in der höheren

Algebra als besonders bequem erwiesen hat. Die Oberkorper $\mathfrak{L}$ und $\mathfrak{M}$ von $\mathfrak{K}$ sollen „uber $\mathfrak{K}$ isomorph" heißen, — symbolisch: $\mathfrak{L} \longleftrightarrow \mathfrak{M}(\mathfrak{K})$, — wenn sich die Elemente von $\mathfrak{L}$ so umkehrbar eindeutig den Elementen von $\mathfrak{M}$ zuordnen lassen, daß der Summe bzw. dem Produkt zweier Elemente aus $\mathfrak{L}$ stets die Summe bzw. das Produkt der zugeordneten Elemente aus $\mathfrak{M}$ entspricht, und daß dabei alle Elemente aus $\mathfrak{K}$ auf sich selbst abgebildet werden. (Es muß also aus $\alpha_1 \longleftrightarrow \beta_1, \alpha_2 \longleftrightarrow \beta_2$ stets $\alpha_1 + \alpha_2 \longleftrightarrow \beta_1 + \beta_2, \alpha_1 \cdot \alpha_2 \longleftrightarrow \beta_1 \cdot \beta_2$ folgen, und es muß fur jedes a aus $\mathfrak{K}$ stets $a \longleftrightarrow a$ gelten). Äquivalent dem Gleichberechtigungssatz ist nun der

Isomorphiesatz: *Sind α und β zwei Nullstellen des uber $\mathfrak{K}$ unzerlegbaren Polynoms $p(x)$, so konnen die (nicht notwendig verschiedenen) Korper $\mathfrak{K}(\alpha)$ und $\mathfrak{K}(\beta)$ uber $\mathfrak{K}$ isomorph aufeinander abgebildet werden, und zwar so, daß dabei dem Element α das Element β entspricht.*

In der Tat, ist n der Grad von $p(x)$, und ordnen wir, falls $a(x)$ ein beliebiges Polynom hochstens $(n-1)$-ten Grades aus $\mathfrak{K}[x]$ bedeutet, jeweils $a(\alpha)$ und $a(\beta)$ einander zu, so entspricht damit jedem Element aus $\mathfrak{K}(\alpha)$ umkehrbar eindeutig eines aus $\mathfrak{K}(\beta)$, und es wird dabei insbesondere α auf β so wie jedes a aus $\mathfrak{K}$ auf sich selbst abgebildet. Ferner ist trivial, daß aus $\alpha_1 = a_1(\alpha) \longleftrightarrow a_1(\beta) = \beta_1$, $\alpha_2 = a_2(\alpha) \longleftrightarrow a_2(\beta) = \beta_2$ jedenfalls $\alpha_1 + \alpha_2 \longleftrightarrow \beta_1 + \beta_2$ folgt. Es folgt aber auch $\alpha_1 \cdot \alpha_2 \longleftrightarrow \beta_1 \cdot \beta_2$ da nach dem Gleichberechtigungssatz in $\mathfrak{K}(\beta)$ stets $a_1(\beta) \cdot a_2(\beta) = a_3(\beta)$ sein muß, falls in $\mathfrak{K}(\alpha)$ die Gleichung $a_1(\alpha) \cdot a_2(\alpha) = a_3(\alpha)$ gilt. Der Isomorphiesatz laßt sich also aus dem Gleichberechtigungssatz ableiten, aber auch die Umkehrung ist richtig. Existiert namlich eine isomorphe Abbildung $\mathfrak{K}(\alpha) \longleftrightarrow \mathfrak{K}(\beta)$ $(\mathfrak{K})$ mit $\alpha \longleftrightarrow \beta$, so muß diese fur jedes $a(x)$ aus $\mathfrak{K}[x]$ die Elemente $a(\alpha)$ und $a(\beta)$ einander zuordnen, und da bei der Zuordnung offenbar 0 in 0 ubergeht, muß aus $a(\alpha) = 0$ stets $a(\beta) = 0$ folgen und umgekehrt. Das bedeutet aber bereits die Gultigkeit des Gleichberechtigungssatzes, denn das Bestehen einer „rationalen Relation zwischen α und den Elementen von $\mathfrak{K}$" ist ja stets gleichwertig mit der Aussage, daß ein gewisses Polynom in α mit Beiwerten aus $\mathfrak{K}$ verschwindet.

§ 25. Der Kronecker-Steinitzsche Fundamentalsatz.

Nach den Resultaten von §§ 23, 24 drängt sich von selbst die Frage auf: Gibt es bei beliebigem $\mathfrak{K}$ zu jedem Polynom $p(x)$ aus $\mathfrak{K}[x]$ einen Oberkörper $\mathfrak{N}$ von $\mathfrak{K}$, über dem $p(x)$ in Linearfaktoren zerfällt, und ist etwa der kleinste Körper mit dieser Eigenschaft eindeutig bestimmt? Dabei handelt es sich für uns natürlich nur um das rationale Rechnen. Untersuchungen, wie etwa die, ob sich die Elemente von $\mathfrak{N}$ als komplexe Zahlen deuten lassen, falls $\mathfrak{K}$ ein komplexer Zahlkörper ist, liegen außerhalb unseres Gesichtskreises. In diesem rein algebraischen Sinne erhält man nun leicht den

Fundamentalsatz von Kronecker[1]): *Ist* $p(x) = x^n + a_1 x^{n-1} + \dots + a_n$ *ein beliebiges Polynom über einem beliebigen Körper* $\mathfrak{K}$, *so gibt es stets einen Oberkörper* $\mathfrak{N}$ *von* $\mathfrak{K}$, *über dem* $p(x)$ *in Linearfaktoren zerfällt:* $p(x) = \prod_{i=1}^{n} (x - \alpha_i)$ *und der außerdem die Eigenschaft besitzt, daß sich alle Elemente von* $\mathfrak{N}$ *als Polynome in* $\alpha_1, \dots, \alpha_n$ *mit Beiwerten aus* $\mathfrak{K}$ *darstellen lassen.* $\mathfrak{N}$ *ist bis auf die Bezeichnung eindeutig bestimmt, d. h.: Sind* $\mathfrak{N}$ *und* $\mathfrak{N}'$ *zwei Oberkörper von* $\mathfrak{K}$ *mit den angegebenen Eigenschaften, und wird über* $\mathfrak{N}$ *bzw.* $\mathfrak{N}'$ $p(x) = \prod_{1}^{n} (x - \alpha_i)$ *bzw.* $p(x) = \prod_{1}^{n} (x - \alpha_i')$, *so kann bei geeigneter Numerierung der* α_i' *der Körper* $\mathfrak{N}'$ *einfach dadurch in den Körper* $\mathfrak{N}$ *übergeführt werden, daß man überall* α_i' *durch* α_i *ersetzt* $(i = 1, \dots, n)$

a) Die Behauptung ist richtig für $n = 1$; denn in diesem Falle wird offenbar eindeutig $\mathfrak{N} = \mathfrak{K}$. Wir dürfen daher einen

---

[1]) Leopold Kronecker (1823—1891)

Induktionsschluß nach wachsenden Gradzahlen ansetzen. Es sei $q(x)$ einer der unzerlegbaren Faktoren von $p(x)$ über $\mathfrak{K}$. Bilden wir dann den Restklassenkörper $\mathfrak{L} = \mathfrak{K}[x] \mid q(x)$, identifizieren wir jede ein Element a aus $\mathfrak{K}$ enthaltende Restklasse mit diesem Element und schreiben wir α_1 statt x, so wird $\mathfrak{L}$ nach § 23 ein Oberkörper von $\mathfrak{K}$, der die Nullstelle α_1 von $q(x)$ enthält und dessen sämtliche Elemente sich als Polynome in α_1 mit Beiwerten aus $\mathfrak{K}$ darstellen lassen. Da $q(x)$ ein Faktor von $p(x)$ war, besitzt $p(x)$ über $\mathfrak{L}$ eine Zerlegung $p(x) = (x - \alpha_1) \cdot p_1(x)$. Da ferner $p_1(x)$ den Grad $n-1$ hat, dürfen wir nach Induktionsvoraussetzung für $\mathfrak{L}$ an Stelle von $\mathfrak{K}$ und $p_1(x)$ an Stelle von $p(x)$ den Kronecker-Steinitzschen Satz bereits anwenden. Es ergibt sich die Existenz eines Oberkörpers $\mathfrak{N}$ von $\mathfrak{L}$, über dem eine Gleichung $p_1(x) = \prod_{\iota=2}^{n} (x - \alpha_\iota)$, d. h. eine Gleichung $p(x) = \prod_{\iota=1}^{n} (x - \alpha_\iota)$ gilt, und dessen sämtliche Elemente sich als Polynome in $\alpha_2, \ldots, \alpha_n$ mit Beiwerten aus $\mathfrak{L}$, also als Polynome in $\alpha_1, \ldots, \alpha_n$ mit Beiwerten aus $\mathfrak{K}$ darstellen lassen. Fertig!

b) Der Eindeutigkeitsbeweis ist wieder für $n = 1$ trivial, es ist also ein ähnlicher Schluß möglich wie beim Existenzbeweis. Es sei $q(x)$ derjenige über $\mathfrak{K}$ unzerlegbare Faktor von $p(x)$, der in $\mathfrak{N}$ die Nullstelle α_1 besitzt, und es sei die Numerierung der α'_ι so gewählt, daß in $\mathfrak{N}'$ gerade α'_1 eine Nullstelle von $q(x)$ wird. Dann kann nach dem Gleichberechtigungssatz der zwischen $\mathfrak{K}$ und $\mathfrak{N}'$ liegende Körper $\mathfrak{L}' = \mathfrak{K}(\alpha'_1)$ dadurch in den zwischen $\mathfrak{K}$ und $\mathfrak{N}$ liegenden Körper $\mathfrak{L} = \mathfrak{K}(\alpha_1)$ übergeführt werden, daß man, ohne sonst etwas zu ändern, überall α_1 statt α'_1 schreibt. Denken wir uns diese Umschreibung durchgeführt, so erscheinen $\mathfrak{N}$ und $\mathfrak{N}'$ beide als Oberkörper von $\mathfrak{L}$. Das durch die Gleichung $p(x) = (x - \alpha_1) \cdot p_1(x)$ definierte Polynom $p_1(x)$ aus $\mathfrak{L}[x]$ zerfällt sowohl über $\mathfrak{N}$ als auch über $\mathfrak{N}'$ in Linearfaktoren. $p_1(x) = \prod_{2}^{n} (x - \alpha_\iota)$ bzw.

$p_1(x) = \prod\limits_{2}^{n} (x - \alpha_i')$, und es lassen sich alle Elemente aus $\mathfrak{N}$ bzw. $\mathfrak{N}'$ als Polynome in $\alpha_2, \ldots, \alpha_n$ bzw. $\alpha_2', \ldots, \alpha_n'$ mit Beiwerten aus $\mathfrak{L}$ darstellen. Nach Induktionsvoraussetzung kann daher der Korper $\mathfrak{N}'$ bei geeigneter Numerierung der α_i' dadurch in den Korper $\mathfrak{N}$ ubergefuhrt werden, daß man rein formal uberall α_i an Stelle von α_i' $(i = 2, 3, \ldots, n)$ einsetzt.

Aus dem Kroneckerschen Fundamentalsatz folgt ohne große Schwierigkeit der weitergehende Fundamentalsatz von Steinitz[1]· Zu jedem beliebigen Korper $\mathfrak{K}$ gibt es mindestens einen algebraisch abgeschlossenen Oberkorper $\mathfrak{K}^*$. Der kleinste derartige Korper ist (hinsichtlich des rationalen Rechnens) bis auf die Bezeichnungsweise eindeutig bestimmt. — Der Beweis des Steinitzschen Fundamentalsatzes erfordert im wesentlichen mengentheoretische Überlegungen (transfinite Induktion), er fallt daher aus unserem Rahmen. Auch brauchen wir den Steinitzschen Satz gar nicht, weil wir es bei jeder einzelnen Untersuchung immer nur mit den Nullstellen von endlich vielen Polynomen $g_1(x), \ldots, g_r(x)$, d. h. mit den Nullstellen eines einzigen Polynoms $f(x) = g_1(x) \cdot \ldots \cdot g_r(x)$ zu tun haben.

Es sei nochmals darauf hingewiesen, daß der Kroneckersche und der Steinitzsche Fundamentalsatz einen wesentlich anderen Charakter haben, als der bereits im § 9 erwahnte Gaußsche Fundamentalsatz der Algebra. Der Kroneckersche und der Steinitzsche Satz beziehen sich auf ganz beliebige Korper, immer ausschließlich unter dem Gesichtspunkt des rationalen Rechnens, beide Satze sind dementsprechend ihrer Natur nach rein algebraisch. Der Gaußsche Fundamentalsatz macht eine algebraische Aussage uber einen speziellen, zunachst rein analytisch definierten Korper, namlich uber den Korper aller komplexen Zahlen. Er ist dementsprechend als ein Theorem von gemischt algebraisch-analytischem Charakter anzusehen. Bezeichnend fur die Stellung der verschiedenen Fundamentalsatze zueinander ist die Tatsache, daß man den Kroneckerschen Satz mit Vorteil als Grundlage fur den Beweis des Gaußschen Satzes benutzt. (Vgl. hierzu den Anhang).

§ 26. Resolventenbildung.

Nach den grundsatzlichen Betrachtungen von § 23 bis 25 wenden wir uns wieder der eigentlichen Gleichungstheo-

[1]) Ernst Steinitz (gest 1928)

rie zu. Wir knupfen an an die Auflosung der allgemeinen Gleichung vierten Grades, und zwar an die Bemerkung vom Schlusse von § 22, die sich auf die Bedeutung des Ausdrucks $(\alpha_1+\alpha_2-\alpha_3-\alpha_4)^2$ fur die Bildung der Hilfsgleichung dritten Grades bezog. Der Gedanke, der dort an einem speziellen Beispiel erlautert wurde, laßt sich allgemein so fassen. Es sei $p(x)=x^n+a_1x^{n-1}+\cdots+a_n=(x-\alpha_1)\cdot\ldots\cdot(x-\alpha_n)$ ein (nicht notwendig unzerlegbares) Polynom mit den zum Korper $\mathfrak{K}$ gehorigen Beiwerten a_i und den (im allgemeinen nicht in $\mathfrak{K}$ liegenden) Wurzeln $\alpha_1,\ldots\alpha_n$. Mit $\mathfrak{L}$ moge der aus $\mathfrak{K}$ durch Hinzunahme von $\alpha_1,\ldots\alpha_n$ entstehende Korper bezeichnet werden. Wir betrachten ein beliebiges Element ϱ aus $\mathfrak{L}$, das wir uns nach § 25 als Polynom in $\alpha_1,\ldots\alpha_n$ mit Beiwerten aus $\mathfrak{K}$ dargestellt denken, $\varrho=P(\alpha_1,\ldots\alpha_n)$, und stellen uns die Aufgabe, eine Gleichung zu finden, der ϱ uber $\mathfrak{K}$ genugt. — Es seien $u_1,\ldots u_n$ Unbestimmte, $P_1=P(u_1,\ldots u_n)$, $P_2,\ldots P_s$ seien die samtlichen verschiedenen Polynome, die entstehen, wenn man in P_1 die u_i beliebig vertauscht. Dann sind die Beiwerte des x-Polynoms $q(x;u)=(x-P_1)\cdot(x-P_2)\cdot\ldots\cdot(x-P_s)$ symmetrische Funktionen der u_i und mithin Polynome (uber $\mathfrak{K}$) in den symmetrischen Grundfunktionen $s_1,\ldots s_n$ der u_i. Setzt man nun $u_i=\alpha_i$ $(i=1,\ldots n)$, so wird $s_i=(-1)^i\cdot a_i$, und es erweist sich $q(x,\alpha)$ als ein Polynom mit Beiwerten aus $\mathfrak{K}$ und den Wurzeln $\varrho_1=P_1(\alpha_1,\ldots\alpha_n)=P(\alpha_1,\ldots\alpha_n)=\varrho$, $\varrho_2=P_2(\alpha_1,\ldots\alpha_n),\ldots$ $\varrho_s=P_s(\alpha_1,\ldots\alpha_n)$.

$$(1)\qquad q(x)=q(x,\alpha)$$
$$=(x-P_1(\alpha_1,\ldots\alpha_n))\cdot\ldots\cdot(x-P_s(\alpha_1,\ldots\alpha_n))=0$$

ist also eine Gleichung, der ϱ uber $\mathfrak{K}$ genugt. Man nennt (1) eine zur Gleichung $p(x)=0$ gehorige „Hilfsgleichung" oder „Resolvente". Im allgemeinen (wenn auch keineswegs immer) ist $q(x) = 0$ bei unzerlegbarem $p(x)$ die Gleichung niedrigsten Grades, der ϱ uber $\mathfrak{K}$ genugt.

Nach dem bei der allgemeinen Gleichung vierten Grades gewonnenen Ergebnis wird man nun zunachst fragen: Kann man zu der allgemeinen Gleichung funften Grades $p(x) = (x - \alpha_1) \cdot \ldots \cdot (x - \alpha_5) = 0$ die Hilfsgroße $\varrho = P(\alpha_1, \ldots \alpha_5)$ so bestimmen, daß fur die zugehorige Resolvente (1) der Grad s kleiner als 5 ausfallt? — Zunachst sieht man muhelos:

(2) $\varrho = \delta = (\alpha_1 - \alpha_2) \cdot (\alpha_1 - \alpha_3) \cdot (\alpha_1 - \alpha_4) \cdot (\alpha_1 - \alpha_5) \cdot (\alpha_2 - \alpha_3) \cdot (\alpha_2 - \alpha_4) \cdot (\alpha_2 - \alpha_5) \cdot (\alpha_3 - \alpha_4) \cdot (\alpha_3 - \alpha_5) \cdot (\alpha_4 - \alpha_5)$

genugt uber dem Beiwertkorper $\mathfrak{K}$ der Gleichung $(x + \varrho) \cdot (x - \varrho) = x^2 - d = 0$, wobei d die Diskriminante von $p(x)$ bedeutet

Aber uber diesen ersten Schritt kommt man diesmal nicht hinaus. Man uberzeugt sich leicht durch rein formale Betrachtungen: Ein Polynom $P(u_1, \ldots u_5)$, das bei den Vertauschungen der u_i mehr als zwei verschiedene Werte annimmt, nimmt stets mindestens funf verschiedene Werte an. Das heißt aber: Eine zur allgemeinen Gleichung funften Grades gehorige Resolvente hat stets entweder den Grad 2 (und dann erweist sie sich leicht als gleichwertig mit der Resolvente $x^2 - d = 0$), oder sie besitzt mindestens den Grad 5.

Es ist aber noch ein anderer Weg zur elementaren Losung der allgemeinen Gleichung funften Grades $p(x) = x^5 + a_1 x^4 + \cdots + a_5 = (x - \alpha_1) \cdot \ldots \cdot (x - \alpha_5) = 0$ denkbar. Man sucht so $\varrho = P(\alpha_1, \ldots \alpha_5)$ zu bestimmen, daß die zugehorige Resolvente (1) vom funften oder auch von einem hoheren Grad binomisch wird. Dabei wird man nicht unbedingt verlangen, daß die Beiwerte des Polynoms $P(u_1, \ldots u_5)$ alle dem (durch die Beiwerte $a_1, \ldots a_5$ von $p(x)$ festgelegten) Ausgangskorper $\mathfrak{K}$ angehoren. Man wird vielmehr die Moglichkeit zulassen, daß zur Bestimmung der Beiwerte von $P(u_1, \ldots u_5)$ erst gewisse Hilfsgleichungen zu losen sind, deren Grade aber den Wert 4 nicht ubersteigen durfen. Indessen gelangt man nur sehr leicht zu einer Resolvente der Form $q(x) = x^5 + b_3 x^2 + b_4 x + b_5 = 0$, einer sogenannten „Hauptgleichung funften Grades", daruber hinaus kann man durch umstandlichere Rechnungen Resolventen vom Typus $x^5 + c_4 x + c_5 = 0$ finden. Aber dann kommt man mit einem Male nicht mehr weiter. — Es soll nun untersucht werden, ob nicht eine genaue Analyse des Auflosungsprozesses der Gleichung dritten Grades auf neue Gesichtspunkte fuhrt.

§ 27. Untersuchungen über die Auflösung der Gleichung dritten Grades.

Fur die folgenden Betrachtungen brauchen wir einige allgemeine Bemerkungen uber die moglichen Vertauschungen von drei Dingen. Die zu vertauschenden Dinge selbst konnen dabei ganz beliebig sein. Wir charakterisieren sie einfach durch die Ziffern 1, 2, 3. Die sechs moglichen Vertauschungen bezeichnet man am einfachsten folgendermaßen:

$$(1)\qquad \begin{aligned} &\begin{pmatrix}1&2&3\\1&2&3\end{pmatrix}=\mathfrak{Z}_0;\quad \begin{pmatrix}1&2&3\\2&3&1\end{pmatrix}=\mathfrak{Z}_1,\quad \begin{pmatrix}1&2&3\\3&1&2\end{pmatrix}=\mathfrak{Z}_2;\\ &\begin{pmatrix}1&2&3\\2&1&3\end{pmatrix}=\mathfrak{T}_1;\quad \begin{pmatrix}1&2&3\\3&2&1\end{pmatrix}=\mathfrak{T}_2;\quad \begin{pmatrix}1&2&3\\1&3&2\end{pmatrix}=\mathfrak{T}_3.\end{aligned}$$

Dabei bedeutet in der Vertauschung $\begin{pmatrix}1&2&3\\m_1&m_2&m_3\end{pmatrix}$ stets m_i dasjenige Ding, in das das Ding i ubergeht.

Fuhrt man zwei Vertauschungen hintereinander aus, so entsteht wieder eine Vertauschung, die gewohnlich als das „Produkt“ der beiden Einzelvertauschungen bezeichnet wird, wobei man aber zu beachten hat, daß — anders als bei der Multiplikation von Zahlen oder Korperelementen — die Reihenfolge der Faktoren nicht gleichgultig ist. Am besten macht man sich die Eigenart der Multiplikation von Vertauschungen an Beispielen klar. Dabei soll die linksstehende Vertauschung immer diejenige bedeuten, die zuerst ausgefuhrt wird. — Offenbar wird zunachst.

$$(2)\quad \begin{pmatrix}1&2&3\\1&2&3\end{pmatrix}\cdot\begin{pmatrix}1&2&3\\m_1&m_2&m_3\end{pmatrix}=\begin{pmatrix}1&2&3\\m_1&m_2&m_3\end{pmatrix}\cdot\begin{pmatrix}1&2&3\\1&2&3\end{pmatrix}=\begin{pmatrix}1&2&3\\m_1&m_2&m_3\end{pmatrix}$$

fur jede beliebige Vertauschung $\begin{pmatrix}1&2&3\\m_1&m_2&m_3\end{pmatrix}$. Die Vertauschung $\begin{pmatrix}1&2&3\\1&2&3\end{pmatrix}$, bei der jedes Ding sich selbst zugeordnet wird, spielt also bei der Vertauschungsmultiplikation gewissermaßen die Rolle des Einheitselements — Im ubrigen erhalt man bei Benutzung der in (1) eingefuhrten Abkürzungen z. B. die folgenden Gleichungen:

$$
(3)\quad \left\{\begin{array}{l}
\mathfrak{Z}_1\cdot\mathfrak{Z}_1=\mathfrak{Z}_2;\quad \mathfrak{Z}_1\cdot\mathfrak{Z}_1\cdot\mathfrak{Z}_1=\mathfrak{Z}_1\cdot\mathfrak{Z}_2=\mathfrak{Z}_2\cdot\mathfrak{Z}_1=\mathfrak{Z}_0;\\
\mathfrak{Z}_2\cdot\mathfrak{Z}_2=\mathfrak{Z}_1;\quad \mathfrak{Z}_2\cdot\mathfrak{Z}_2\cdot\mathfrak{Z}_2=\mathfrak{Z}_2\cdot\mathfrak{Z}_1=\mathfrak{Z}_1\cdot\mathfrak{Z}_2=\mathfrak{Z}_0.\\
\mathfrak{Z}_1\cdot\mathfrak{T}_1=\mathfrak{Z}_2\cdot\mathfrak{T}_2=\mathfrak{T}_3;\ \mathfrak{Z}_1\cdot\mathfrak{T}_2=\mathfrak{Z}_2\cdot\mathfrak{T}_3=\mathfrak{T}_1;\\
\mathfrak{Z}_1\cdot\mathfrak{T}_3=\mathfrak{Z}_2\cdot\mathfrak{T}_1=\mathfrak{T}_2.\\
\mathfrak{T}_1\cdot\mathfrak{Z}_1=\mathfrak{T}_3\cdot\mathfrak{Z}_2=\mathfrak{T}_2;\ \mathfrak{T}_2\cdot\mathfrak{Z}_1=\mathfrak{T}_1\cdot\mathfrak{Z}_2=\mathfrak{T}_3;\\
\mathfrak{T}_3\cdot\mathfrak{Z}_1=\mathfrak{T}_2\cdot\mathfrak{Z}_2=\mathfrak{T}_1.\\
\mathfrak{T}_1\cdot\mathfrak{T}_1=\mathfrak{T}_2\cdot\mathfrak{T}_2=\mathfrak{T}_3\cdot\mathfrak{T}_3=\mathfrak{Z}_0.
\end{array}\right.
$$

Die Vertauschungen $\mathfrak{T}_1, \mathfrak{T}_2, \mathfrak{T}_3$, bei denen nur zwei Dinge vertauscht werden, heißen „Transpositionen". Die Vertauschungen $\mathfrak{Z}_1, \mathfrak{Z}_2$ werden als „Zyklen" (Einzahl „Zyklus") bezeichnet; es ist zweckmaßig, auch $\mathfrak{Z}_0$ als einen (uneigentlichen) Zyklus anzusehen. — Ein Vertauschungssystem Γ heißt „Gruppe", wenn es gleichzeitig mit zwei beliebigen Vertauschungen $\mathfrak{B}, \mathfrak{W}$ stets auch das Produkt $\mathfrak{B}\cdot\mathfrak{W}$ enthalt. Die 6 Vertauschungen (1) bilden selbstverstandlich zusammengenommen eine Gruppe Γ_6. Aber auch das System $\mathfrak{Z}_0$, $\mathfrak{Z}_1, \mathfrak{Z}_2$ bildet fur sich eine Gruppe Γ_3, eine „Untergruppe" der großeren Gruppe Γ_6.

Es sei jetzt $p(x)=x^3+a_1x^2+a_2x+a_3=(x-\alpha_1)\cdot(x-\alpha_2)\cdot(x-\alpha_3)=0$ eine allgemeine Gleichung dritten Grades uber dem Beiwertkorper $\mathfrak{K}$. Ist $\delta=\delta(\alpha_1,\alpha_2,\alpha_3)$ ein Polynom in den Wurzeln α_i von $p(x)$ mit Beiwerten aus $\mathfrak{K}$, $\mathfrak{B}$ eine Vertauschung aus der Reihe (1), so soll unter $\delta\cdot\mathfrak{B}$ dasjenige Polynom verstanden werden, das entsteht, wenn man auf die „Dinge" α_i die Vertauschung $\mathfrak{B}$ ausubt. — Offenbar ist stets $\delta\cdot(\mathfrak{B}\cdot\mathfrak{W})=(\delta\cdot\mathfrak{B})\cdot\mathfrak{W}$.

Lost man die Gleichung $p(x)=0$ nach der Cardanischen Methode, so hat man zunachst die Quadratwurzel $\delta=(\alpha_1-\alpha_2)\cdot(\alpha_1-\alpha_3)\cdot(\alpha_2-\alpha_3)$ aus der Diskriminante $d=\prod\limits_{i<k}(\alpha_i-\alpha_k)^2$ zu bilden, d. h. man geht vom Korper $\mathfrak{K}$ zum Korper $\mathfrak{K}_1=\mathfrak{K}[\delta]$ uber. Fur δ wird offenbar

(4) $\delta\cdot\mathfrak{Z}_0=\delta\cdot\mathfrak{Z}_1=\delta\cdot\mathfrak{Z}_2=\delta,\ \delta\cdot\mathfrak{T}_1=\delta\cdot\mathfrak{T}_2=\delta\cdot\mathfrak{T}_3=-\delta,$ und zwar gelten diese Gleichungen „formal“, d. h. sie wurden auch dann gelten, wenn die α_i Unbestimmte und nicht die Nullstellen von $p(x)$ waren. — Wir zeigen nun:

Bleibt $\gamma(\alpha_1,\alpha_2,\alpha_3)$ bei der Vertauschung $\mathfrak{Z}_1$ der α_i formal ungeandert, $\gamma\cdot\mathfrak{Z}_1=\gamma\cdot\mathfrak{Z}_0=\gamma$, so gehort γ stets zum Korper $\mathfrak{K}_1$.

In der Tat, setzen wir $\gamma'=\gamma\cdot\mathfrak{T}_1$, so erhalt man mit Hilfe der Formeln (3) fur γ und γ' die Gleichungen

(5) $\gamma\cdot\mathfrak{Z}_2=\gamma\cdot\mathfrak{Z}_1=\gamma\cdot\mathfrak{Z}_0=\gamma;\ \gamma'=\gamma'\cdot\mathfrak{Z}_1=\gamma'\cdot\mathfrak{Z}_2;$
$\gamma=\gamma'\cdot\mathfrak{T}_1=\gamma'\cdot\mathfrak{T}_2=\gamma'\cdot\mathfrak{T}_3,\ \gamma'=\gamma\cdot\mathfrak{T}_1=\gamma\cdot\mathfrak{T}_2=\gamma\cdot\mathfrak{T}_3.$
(z. B. $\gamma\cdot\mathfrak{Z}_2=(\gamma\cdot\mathfrak{Z}_1)\cdot\mathfrak{Z}_2=\gamma\cdot(\mathfrak{Z}_1\mathfrak{Z}_2)=\gamma\cdot\mathfrak{Z}_0;\ \gamma\cdot\mathfrak{T}_2=(\gamma\cdot\mathfrak{Z}_2)\cdot\mathfrak{T}_1=\gamma\cdot\mathfrak{T}_1=\gamma';\ \gamma'\cdot\mathfrak{Z}_1=\gamma\cdot(\mathfrak{T}_1\mathfrak{Z}_1)=\gamma\cdot\mathfrak{T}_2=\gamma'$ usw.). Aus den Gleichungen (5) folgt aber sofort, daß $\gamma+\gamma'$ und $(\gamma-\gamma')\cdot\delta$ symmetrische Funktionen der α_i und damit Elemente von $\mathfrak{K}$ sind, es wird also
$\gamma=\frac{1}{2}\left((\gamma+\gamma')+\frac{\delta}{d}(\gamma-\gamma')\cdot\delta\right)$ wirklich ein Element von $\mathfrak{K}_1=\mathfrak{K}[\delta]$.

Es sei nun $\varrho=\varrho(\alpha_1,\alpha_2,\alpha_3)$ ein beliebiges, nicht zu $\mathfrak{K}$ gehoriges Polynom in $\alpha_1,\alpha_2,\alpha_3$. Dann bleiben die Beiwerte des x-Polynoms $q(x)=(x-\varrho)\cdot(x-\varrho\cdot\mathfrak{Z}_1)\cdot(x-\varrho\cdot\mathfrak{Z}_2)$ offenbar formal ungeandert, wenn man auf die α die Vertauschung $\mathfrak{Z}_1$ anwendet Die Beiwerte von $q(x)$ gehoren also zu $\mathfrak{K}_1$, d h. ϱ ist uber $\mathfrak{K}_1$ Nullstelle des Polynoms

$$(x-\varrho)\cdot(x-\varrho\cdot\mathfrak{Z}_1)\cdot(x-\varrho\cdot\mathfrak{Z}_2).$$

Die Tatsache, daß man zur Bildung von $q(x)$ nur die zyklischen Wurzelvertauschungen $\mathfrak{Z}_1$ und $\mathfrak{Z}_2=\mathfrak{Z}_1\cdot\mathfrak{Z}_1$ heranziehen muß, gestattet die Konstruktion eines Elementes ϱ^*, das uber $\mathfrak{K}_1$ einer binomischen Gleichung genugt.

Man stutzt sich dabei auf folgende Überlegungen: Die Gleichung $x^3+lx^2+mx+n=(x-\beta_1)\cdot(x-\beta_2)\cdot(x-\beta_3)$ ist dann und nur dann binomisch ($l=m=0$), wenn β_1,β_2,β_3

bei geeigneter Anordnung den Gleichungen $\beta_2 = \varepsilon \cdot \beta_1$, $\beta_3 = \varepsilon^2 \cdot \beta_1$ genugen, wobei ε eine primitive dritte Einheitswurzel bedeutet. Es kommt daher offenbar nur darauf an, $\varrho^* = \varrho^*(\alpha_1, \alpha_2, \alpha_3)$ so zu bestimmen, daß $\varrho^* \cdot \mathfrak{Z}_1 = \varepsilon \cdot \varrho^*$, $\varrho^* \cdot \mathfrak{Z}_2 = \varepsilon^2 \cdot \varrho^*$ (oder auch $\varrho^* \cdot \mathfrak{Z}_2 = \varepsilon \cdot \varrho^*, \varrho^* \cdot \mathfrak{Z}_1 = \varepsilon^2 \cdot \varrho^*$) wird. Nehmen wir nun an, ε gehore bereits zu $\mathfrak{K}$ und damit erst recht zu $\mathfrak{K}_1$, so konnen wir zwei Polynome ϱ^* der gesuchten Art sofort hinschreiben, namlich

$$\varrho_1^* = 3u = \alpha_1 + \varepsilon^2 \cdot \alpha_2 + \varepsilon \cdot \alpha_3, \quad \varrho_2^* = 3v = \alpha_1 + \varepsilon \cdot \alpha_2 + \varepsilon^2 \cdot \alpha_3. \tag{6}$$

Es ergibt sich $\varrho_1^* \cdot \mathfrak{Z}_1 = \alpha_2 + \varepsilon^2 \cdot \alpha_3 + \varepsilon \cdot \alpha_1 = \varepsilon \cdot \varrho_1^*$, $\varrho_1^* \cdot \mathfrak{Z}_2 = (\varrho_1^* \cdot \mathfrak{Z}_1) \cdot \mathfrak{Z}_1 = \varepsilon^2 \cdot \varrho_1^*$, wahrend $\varrho_2^* \cdot \mathfrak{Z}_1 = \varepsilon^2 \cdot \varrho_2^*$, $\varrho_2^* \cdot \mathfrak{Z}_2 = \varepsilon \cdot \varrho_2^*$ wird. Setzt man in den Formeln (8) bzw. (9) von § 18 jeweils α_i statt y_i bzw. x_i, und beachtet man die Gleichungen $\varepsilon^3 = 1, 1 + \varepsilon + \varepsilon^2 = 0$, so sieht man sofort, daß die Großen $u = \frac{\varrho_1^*}{3}$, $v = \frac{\varrho_2^*}{3}$ mit den in der Cardanischen Formel auftretenden Großen u, v identisch sind. Damit ist der zunachst so merkwurdig anmutende Bau der Cardanischen Formel verstandlich gemacht.

§ 28. Zyklische Gleichungen und Lagrangesche Resolventen.

Die Überlegungen von § 27 haben den großen Vorteil, daß sie sich in geeigneter Fassung auf Gleichungen beliebigen Grades ubertragen lassen. Dabei wird es sich allerdings nicht mehr um die Betrachtung von „allgemeinen" Gleichungen handeln. — Eine Vertauschung von n Dingen soll „Zyklus" heißen, wenn sie sich durch geeignete Numerierung der Dinge auf die Gestalt

$$\mathfrak{Z} = \begin{pmatrix} 1 & 2 & 3 & \ldots & n-2 & n-1 & n \\ 2 & 3 & 4 & \ldots & n-1 & n & 1 \end{pmatrix} \tag{1}$$

bringen laßt. Man sieht sofort: $\mathfrak{Z}_1$ und $\mathfrak{Z}_2$ von § 27 sind

Zyklen im Sinne der neuen Definition. Durch mehrfache Anwendung der Vertauschung $\mathfrak{Z}$ ergibt sich:

$$
(2)\quad \begin{cases}
\mathfrak{Z}\cdot\mathfrak{Z}=\mathfrak{Z}^2=\begin{pmatrix}1&2&3&.\;.&n-2&n-1&n\\3&4&5&\ldots&n&1&2\end{pmatrix}; \\
\mathfrak{Z}^3=\mathfrak{Z}^2\cdot\mathfrak{Z}=\mathfrak{Z}\cdot\mathfrak{Z}^2=\begin{pmatrix}1&2&3&\ldots&n-2&n-1&n\\4&5&6&\ldots&1&2&3\end{pmatrix}; \\
\mathfrak{Z}^{n-1}=\begin{pmatrix}1&2&3&\ldots&n-2&n-1&n\\n&1&2&\ldots&n-3&n-2&n-1\end{pmatrix}; \\
\mathfrak{Z}^n=\mathfrak{Z}^0=\begin{pmatrix}1&2&3&\ldots&n-2&n-1&n\\1&2&3&\ldots&n-2&n-1&n\end{pmatrix}.
\end{cases}
$$

Wir betrachten jetzt eine binomische Gleichung $x^n-a = (x-\alpha_1)\cdot(x-\alpha_2)\cdot\ldots\cdot(x-\alpha_n)$ uber einem Korper $\mathfrak{K}$, der die n-te Einheitswurzel $\varepsilon=e^{\frac{2\pi i}{n}}$ enthalt. Bei geeigneter Numerierung ist $\alpha_2=\varepsilon\cdot\alpha_1, \alpha_3=\varepsilon^2\cdot\alpha_1,\ldots\alpha_n=\varepsilon^{n-1}\cdot\alpha_1$, und mit Hilfe dieser Bemerkung zeigt man leicht:

Ein Polynom $\varrho\;(\alpha_1,\ldots\alpha_n)$ mit Beiwerten aus $\mathfrak{K}$, das bei der Wurzelvertauschung $\mathfrak{Z}$ formal ungeandert bleibt, $\varrho\cdot\mathfrak{Z}=\varrho$, ist stets ein Element von $\mathfrak{K}$.

In der Tat, wir haben

$$\varrho(\alpha_1,\alpha_2,\ldots\alpha_n)=\varrho\;(\alpha_1,\varepsilon\cdot\alpha_1,\ldots\varepsilon^{n-1}\cdot\alpha_1)=P(\alpha_1).$$

Bilden wir nun das x-Polynom

$$
\begin{aligned}
(3)\qquad q(x) &= (x-P(\alpha_1))\cdot(x-P(\alpha_2))\cdot\ldots\cdot(x-P(\alpha_n))\\
&= (x-P(\alpha_1))\cdot(x-P(\varepsilon\cdot\alpha_1))\cdot\ldots\cdot(x-P(\varepsilon^{n-1}\cdot\alpha_1)),
\end{aligned}
$$

so hat $q(x)$ symmetrische Funktionen der α_i, d. h. Elemente aus $\mathfrak{K}$ als Beiwerte. Andererseits ist $P(\varepsilon\cdot\alpha_1)= \varrho(\varepsilon\cdot\alpha_1,\varepsilon^2\cdot\alpha_1,\ldots\varepsilon^n\cdot\alpha_1)=\varrho(\alpha_2,\alpha_3,\ldots\alpha_n,\alpha_1)=\varrho\cdot\mathfrak{Z}$, und daraus folgt weiter $P(\varepsilon^2\cdot\alpha_1)=P(\varepsilon\cdot(\varepsilon\cdot\alpha_1))=\varrho\cdot\mathfrak{Z}^2$, $P(\varepsilon^3\cdot\alpha_1)=\varrho\cdot\mathfrak{Z}^3$ usw. Schließlich ist nach Voraussetzung $\varrho\cdot\mathfrak{Z}=\varrho$ und damit auch $\varrho\cdot\mathfrak{Z}^2=(\varrho\cdot\mathfrak{Z})\cdot\mathfrak{Z}=\varrho$, $\varrho\cdot\mathfrak{Z}^3 =\varrho,\ldots\varrho\cdot\mathfrak{Z}^{n-1}=\varrho$. — Es wird also $q(x)=(x-\varrho)^n$, $x-\varrho=\dfrac{n\cdot q(x)}{q'(x)}$ (vgl § 10), d h , es gehort ϱ zu $\mathfrak{K}$.

Wir wollen nun allgemein die Gleichung

$$p(x) = (x-\alpha_1)\cdot \ldots \cdot (x-\alpha_n) = 0$$

(das Polynom $p(x)$) über dem $\varepsilon = e^{\frac{2\pi i}{n}}$ enthaltenden Körper $\mathfrak{K}$ „zyklisch" nennen, wenn $p(x) = 0$ bei geeigneter Numerierung der α_i ebenso wie die binomische Gleichung $x^n - a = 0$ die Eigenschaft besitzt, daß ein Polynom $\varrho(\alpha_1, \ldots \alpha_n)$ mit Beiwerten aus $\mathfrak{K}$ stets zu $\mathfrak{K}$ gehört, falls es bei der Anwendung des Zyklus $\mathfrak{Z}$ formal ungeändert bleibt, $\varrho \cdot \mathfrak{Z} = \varrho$[1]). — Zunächst sieht man bei einer zyklischen Gleichung sofort:

Ist $\varrho = \varrho(\alpha_1, \ldots \alpha_n)$ ein beliebiges Polynom in $\alpha_1, \ldots \alpha_n$ mit Beiwerten aus $\mathfrak{K}$, so genügt ϱ über $\mathfrak{K}$ der Gleichung

$$q(x) = (x-\varrho)\cdot(x-\varrho\cdot\mathfrak{Z})\cdot(x-\varrho\cdot\mathfrak{Z}^2)\cdot\ldots\cdot(x-\varrho\cdot\mathfrak{Z}^{n-1}) = 0.$$

In der Tat, es wird

$$q(x)\cdot\mathfrak{Z} = (x-\varrho\cdot\mathfrak{Z})\cdot(x-\varrho\cdot\mathfrak{Z}^2)\cdot\ldots\cdot(x-\varrho\cdot\mathfrak{Z}^{n-1})$$
$$\cdot(x-\varrho\cdot\mathfrak{Z}^n) = (x-\varrho\cdot\mathfrak{Z})\cdot\ldots\cdot(x-\varrho\cdot\mathfrak{Z}^{n-1})\cdot(x-\varrho) = q(x),$$

die Beiwerte des Polynoms $q(x)$ bleiben also bei der Anwendung des Zyklus $\mathfrak{Z}$ ungeändert und gehören somit zu $\mathfrak{K}$.

Andererseits zeigt eine fast selbstverständliche Rechnung: Für die Polynome

$$(4)\qquad \lambda_i = \alpha_1 + \varepsilon^{-i}\cdot\alpha_2 + \varepsilon^{-2i}\cdot\alpha_3 + \cdots + \varepsilon^{-(n-1)\cdot i}\cdot\alpha_n \qquad (i = 1, \ldots n)$$

wird $\lambda_i \cdot \mathfrak{Z} = \varepsilon^i \cdot \lambda_i$ und infolgedessen allgemein $\lambda_i \cdot \mathfrak{Z}^k = \varepsilon^{i\cdot k}\cdot\lambda_i$ $(k = 1, 2, \ldots)$. Über $\mathfrak{K}$ genügt also λ_i der Gleichung:

$$(5)\qquad l_i(x) = (x-\lambda_i)\cdot(x-\varepsilon^i\cdot\lambda_i)\cdot(x-\varepsilon^{2i}\cdot\lambda_i)\cdot\ldots\cdot(x-\varepsilon^{(n-1)\cdot i}\lambda_i) = 0.$$

Ist für ein bestimmtes i etwa s_i der gr. g. T. von i und n, und setzen wir $n = r_i \cdot s_i$, so ist ε^i eine primitive r_i-te Einheits-

[1]) Daß ε in $\mathfrak{K}$ enthalten sein soll, ist nur für die später vorzunehmende Auflösung durch Radikale, nicht aber für die Definition der zyklischen Gleichung an sich eine wesentliche Voraussetzung — Über eine andere Fassung des Begriffs der zyklischen Gleichung vgl. den Schluß von § 29.

wurzel, und es kommt in der Reihe $1 = \varepsilon^{0 \cdot i}, \varepsilon^{i}, \varepsilon^{2i}, \ldots \varepsilon^{(n-1) \cdot i}$ jede r_i-te Einheitswurzel genau s_i-mal vor. (Vgl. § 17.) Es muß daher $l_i(x)$ die Gestalt $l_i(x) = (x^{r_i} - \lambda_i^{r_i})^{s_i}$ haben, und da gleichzeitig mit $(x^{r_i} - \lambda_i^{r_i})^{s_i} = l_i(x)$ stets auch

$$x^{r_i} - \lambda_i^{r_i} = \frac{n \cdot x^{r_i - 1} \cdot l_i(x)}{l_i'(x)}$$

Beiwerte aus $\mathfrak{K}$ besitzt, ist jedes λ_i über $\mathfrak{K}$ die Nullstelle eines Binoms. Andererseits folgt aus den Gleichungen $1 + \varepsilon^k + \varepsilon^{2k} + \cdots + \varepsilon^{(n-1) \cdot k} = 0$ $(k = 1, \ldots n-1)$ sofort:

$$(6)\quad \alpha_k = \frac{1}{n} \cdot (\varepsilon^{k-1} \cdot \lambda_1 + \varepsilon^{2 \cdot (k-1)} \cdot \lambda_2 + \cdots + \varepsilon^{n \cdot (k-1)} \cdot \lambda_n)$$
$$(k = 1, \ldots n).$$

Insbesondere wird $\alpha_1 = \frac{1}{n} \cdot (\lambda_1 + \lambda_2 + \cdots + \lambda_n)$. — *Die Auflösung der zyklischen Gleichung $p(x) = 0$ ist also gleichwertig mit der Auflösung der binomischen Hilfsgleichungen $x^{r_i} - l_i = 0$ $(l_i = \lambda_i^{r_i};\ i = 1, \ldots n)$.*

Die Größen $\lambda_i = \sum_{k=0}^{n-1} \varepsilon^{-i \cdot k} \alpha_{k+1}$ heißen nach ihrem Entdecker „Lagrangesche Resolventen" (vgl. § 38).

Eine genauere Untersuchung der Auflösung der zyklischen Gleichung $p(x) = 0$ zeigt, daß man garnicht die n binomischen Hilfsgleichungen $x^{r_i} - l_i = 0$ alle braucht, sondern daß man mit einer einzigen, passend ausgewählten Hilfsgleichung auskommt. Wir gehen auf diesen Punkt nicht näher ein. Auch verzichten wir auf die Beantwortung der eng damit zusammenhängenden Frage, wie man entscheidet, welche unter den r_i Wurzeln von $x^{r_i} - l_i = 0$ $(i = 1, \ldots n)$ mit λ_i bezeichnet werden muß, wenn die Gleichungen (6) gelten sollen. Das sind alles zweitrangige Probleme. — Denn später (beim Aufbau allgemeiner Radikalkörper oder in der Kreisteilungstheorie) werden wir es in erster Linie mit dem Fall zu tun haben, daß ein zyklisches Polynom $p(x)$ von Primzahlgrad n vorliegt, das über dem Grundkörper $\mathfrak{K}$ unzerlegbar ist, und bei dem sich alle Nullstellen α_i rational uber $\mathfrak{K}$ durch eine einzige — etwa durch α_1 — darstellen lassen. In diesem Falle ist aber unmittelbar klar, daß die Gleichung $x^n - l_i = 0$ eine Resolvente von $p(x) = 0$ bildet, und daß dementsprechend die Korper $\mathfrak{K}(\alpha_1)$ und $\mathfrak{K}(\lambda_i)$ identisch sind, sofern nur λ_i kein Element des Grundkorpers $\mathfrak{K}$ ist. Andererseits konnen wegen (6) unmoglich alle λ_i zu $\mathfrak{K}$ gehoren. Bei dem uns hauptsachlich interessierenden Typ von zyklischen Gleichungen ist also die Moglichkeit, mit einer einzigen binomischen Hilfsgleichung auszukommen, ohne jede Rechnung rein begrifflich einzusehen.

§ 29. Unzerlegbare zyklische Polynome. Die Galoissche Gruppe.

Es sei $P(x) = x^n + a_1 x^{n-1} + \cdots + a_n$ ein uber dem Korper $\mathfrak{K}$ unzerlegbares Polynom. Wir nehmen an, es sei eine Wurzel α_2 von $P(x)$ rational uber $\mathfrak{K}$ durch eine andere Wurzel α_1 darstellbar, es gelte also eine Gleichung $\alpha_2 = p(\alpha_1)$, wobei $p(x)$ als Polynom uber $\mathfrak{K}$ angenommen werden darf. (Vgl. § 23; $a(x_1, \ldots x_n)$, $b(x)$ usw. bedeuten im folgenden stets Polynome uber $\mathfrak{K}$). Die Polynome $p^{(i)}(x)$ definieren wir schrittweise durch die Festsetzung $p^{(1)}(x) = p(x)$; $p^{(i)}(x) = p(p^{(i-1)}(x))$ $(i = 2, 3, \ldots)$. Offenbar ist stets $p^{(i)}(p^{(k)}(x)) = p^{(i+k)}(x)$.

Nach dem Gleichberechtigungssatz von § 24 sind mit $\alpha_2 = p^{(1)}(\alpha_1)$ auch $\alpha_3 = p^{(1)}(\alpha_2) = p^{(2)}(\alpha_1)$, $\alpha_4 = p^{(1)}(\alpha_3) = p^{(3)}(\alpha_1), \ldots$ Wurzeln von $P(x)$. In der Reihe $\alpha_1, \alpha_2, \ldots$ muß spatestens α_{n+1} gleich einem vorangehenden Glied werden. Es sei r die kleinste Zahl, fur die $\alpha_{r+1} = \alpha_s (1 \leqq s \leqq r)$ wird. Dann ist jedenfalls $s < r$, weil aus $\alpha_{r+1} = p(\alpha_r) = \alpha_r$ nach dem Gleichberechtigungssatz $\alpha_2 = p(\alpha_1) = \alpha_1$ folgen wurde. Außerdem durfen und wollen wir $s = 1$ annehmen, weil wir fur $s > 1$ die Reihe einfach mit α_s statt mit α_1 beginnen konnten. — Aus $\alpha_{r+1} = \alpha_1$ folgt sofort $\alpha_{r+2} = \alpha_2$, $\alpha_{r+3} = \alpha_3, \ldots$ usw. Ist $r < n$, so sei β_1 eine nicht zu den α_i gehorige Wurzel von $P(x)$. Nach dem Gleichberechtigungssatz sind dann auch $\beta_i = p^{(i-1)}(\beta_1)$ $(i = 2, 3, \ldots)$ Wurzeln von $P(x)$, und zwar sind $\beta_1, \beta_2, \ldots \beta_r$ alle untereinander verschieden, während $\beta_{r+1} = \beta_1, \beta_{r+2} = \beta_2, \ldots$ wird. Außerdem kann keine Gleichung $\beta_i = \alpha_k$ gelten, weil sonst auch $\beta_1 = \beta_{i+(r-i+1)} = \alpha_{k+(r-i+1)}$ in der Reihe der α_i vorkommen müßte. — Ist $2r < n$, so sei γ_1 eine weder zu den α_i noch zu den β_i gehörige Wurzel von $p(x)$. Mit Hilfe der bereits zweimal benutzten Überlegungen erhält man dann eine dritte Wurzelreihe $\gamma_1, \ldots \gamma_r$, wobei die γ_i untereinander, sowie von den α_i und β_i verschieden sind, usw. — Das Endergebnis lautet offenbar:

Es muß r ein Teiler von n sein. $n = r \cdot s$. Die n Wurzeln von $P(x)$ zerfallen in s Reihen von je r Gliedern. In jeder einzelnen Reihe $\lambda_1, \ldots \lambda_r$ ist $\lambda_i = p^{(i-1)}(\lambda_1)$ $(i = 2, \ldots r)$; $\lambda_{r+1} = p^{(r)}(\lambda_1) = \lambda_1$.

Wir betrachten nun insbesondere den Fall $s = 1$, $r = n$, einen Fall, der wegen $r > 1$ z. B. bei einer Primzahl n stets vorliegt. Die Wurzeln von $P(x)$ bilden dann eine einzige Reihe $\alpha_1, \ldots \alpha_n$, und es ist zweckmäßig, α_k für $k > n$ durch die Festsetzung „$\alpha_i = \alpha_k$, wenn $i \equiv k(n)$" zu definieren, so daß für jedes $k > 1$ die Gleichung $\alpha_k = p^{(k-1)}(\alpha_1)$ gilt. Mit $\mathfrak{Z}$ bezeichnen wir wie früher die zyklische Wurzelvertauschung $\begin{pmatrix} 1 & 2 & \ldots & n \\ 2 & 3 & \ldots & 1 \end{pmatrix}$. Γ bedeute die Gruppe der Vertauschungen $\{\mathfrak{Z}, \mathfrak{Z}^2, \ldots \mathfrak{Z}^n = \mathfrak{Z}^0\}$. Wir zeigen zunächst:

Γ besteht aus allen und nur den Wurzelvertauschungen $\begin{pmatrix} 1 & \ldots & n \\ i_1 & \ldots & i_n \end{pmatrix}$, die die Eigenschaft haben, daß sie jede richtige, für $\alpha_1, \ldots \alpha_n$ über $\mathfrak{K}$ gültige Gleichung wieder in eine richtige Gleichung überführen, daß also aus $a(\alpha_1, \ldots \alpha_n) = 0$ stets $a(\alpha_{i_1}, \ldots \alpha_{i_n}) = 0$ folgt.

In der Tat, es sei $a(\alpha_1, \ldots \alpha_n) = 0$, $a(\alpha_1, \ldots \alpha_n) \cdot \mathfrak{Z} = a(\alpha_2, \alpha_3, \ldots \alpha_1)$. Dann ist

$$a(\alpha_1, \ldots \alpha_n) = a(\alpha_1, p^{(1)}(\alpha_1), \ldots p^{(n-1)}(\alpha_1)) = c(\alpha_1),$$
$$a(\alpha_2, \alpha_3, \ldots \alpha_1) = a(\alpha_2, p^{(1)}(\alpha_2), \ldots p^{(n-1)}(\alpha_2)) = c(\alpha_2),$$

und aus $c(\alpha_1) = 0$ folgt $c(\alpha_2) = 0$ nach dem Gleichberechtigungssatz. Ebenso ergibt sich

$$a(\alpha_1, \ldots \alpha_n) \cdot \mathfrak{Z}^i = a(\alpha_{i+1}, \alpha_{i+2}, \ldots \alpha_{i+n}) = c(\alpha_{i+1}) = 0$$

für $i = 2, 3, \ldots n-1$. — Es sei andrerseits $\begin{pmatrix} 1 & \ldots & n \\ i_1 & \ldots & i_n \end{pmatrix}$ eine beliebige Vertauschung, die jede richtige Gleichung wieder in eine richtige überführt; dann folgt aus $\alpha_2 = p(\alpha_1)$ jedenfalls $\alpha_{i_2} = p(\alpha_{i_1}) = \alpha_{i_1+1}$, $i_2 = i_1 + 1$, und in gleicher Weise ergibt sich $\alpha_{i_3} = p^{(2)}(\alpha_{i_1}) = \alpha_{i_1+2}$, $i_3 = i_1 + 2$; $\alpha_{i_4} = p^{(3)}(\alpha_{i_1}) = \alpha_{i_1+3}$, $i_4 = i_1 + 3$ usw. Das heißt aber: $\begin{pmatrix} 1 & \ldots & n \\ i_1 & \ldots & i_n \end{pmatrix} = \mathfrak{Z}^{i_1-1}$.

Aus der Grundeigenschaft von Γ folgt insbesondere *Ist ϱ ein beliebiges Element aus dem Körper $\mathfrak{L} = \mathfrak{K}(\alpha_1, \ldots \alpha_n)$, so hat $\varrho \cdot \mathfrak{Z}^i$ für jedes i einen von jeder speziellen Polynomdarstellung $\varrho = a(\alpha_1, \ldots \alpha_n)$ unabhängigen, eindeutig bestimmten Wert.*

Es sei nun ϱ ein Element aus $\mathfrak{L}$, bei dem $\varrho \cdot \mathfrak{Z}^i = \varrho$ $(i = 1, \ldots n-1)$ wird. Stellen wir dann mit Hilfe der Gleichungen $\alpha_i = p^{(i-1)}(\alpha_1)$ unser ϱ als Polynom in α_1 allein dar, $\varrho = c(\alpha_1)$, so wird $\varrho = c(\alpha_1) = c(\alpha_2) = \cdots = c(\alpha_n)$, und daraus ergibt sich genau so wie in § 28 die Zugehörigkeit von ϱ zum Ausgangskörper $\mathfrak{K}$. Das heißt aber:

Ist bei dem über $\mathfrak{K}$ unzerlegbaren Polynom $P(x) = x^n + \cdots + a_n$ eine Wurzel α_2 rational durch eine andere darstellbar, $\alpha_2 = p(\alpha_1)$, und sind die Wurzeln $\alpha_i = p(\alpha_{i-1})$ $(i = 2, 3, \ldots n+1)$ alle verschieden (eine Zusatzbedingung, die z. B. bei einer Primzahl n immer erfüllt ist), so ist das Polynom $P(x)$ zyklisch über $\mathfrak{K}$ im Sinne von § 28.

Es kann also bereits aus sehr einfachen Wurzelbeziehungen der zyklische Charakter einer gegebenen Gleichung erschlossen werden. (Die Existenz solcher Wurzelbeziehungen ergibt sich in den praktisch wichtigen Fällen aus de geometrischen oder analytischen Eigenart des Problems, das zu der betreffenden Gleichung führt.)

Im übrigen ist an unserem Ergebnis zunächst die Tatsache bemerkenswert, daß der für die höhere Gleichungstheorie geltende Gleichberechtigungssatz, der in den §§ 26—28 mit ihren mehr „formalen“ an die Auflösung der „allgemeinen“ Gleichung dritten Grades anknüpfenden Betrachtungen keine nennenswerte Rolle spielte, wieder in den Vordergrund tritt. Vor allem aber bietet die „Grundeigenschaft“ der Gruppe Γ, auf die wir oben noch vor der Herstellung des Zusammenhanges mit den Begriffsbildungen von § 28 stießen, den Ansatzpunkt für eine ganz neue Untersuchungsreihe. Offenbar kann man zu einem Polynom $a(x) = x^n + a_1 x^{n-1} + \ldots + a_n = (x - \alpha_1) \cdot \ldots \cdot (x - \alpha_n)$, von dem nur angenommen werden soll, daß es keine mehrfachen Nullstellen besitzt, über $\mathfrak{K}$ stets das System Γ aller der Vertauschungen $\mathfrak{T}$ der Nullstellen α_i bilden, die (in dem oben genau festgelegten Sinne) „jede richtige Gleichung über $\mathfrak{K}$ wieder in eine richtige überführen“. Das System Γ, von dem es fast selbstverständlich ist, daß es mit zwei Vertauschungen $\mathfrak{S}, \mathfrak{T}$ stets auch $\mathfrak{S} \cdot \mathfrak{T}$ enthält, bildet dann die berühmte „Galoissche Gruppe des Polynoms $a(x)$ (oder auch der Gleichung $a(x) = 0$) über $\mathfrak{K}$“, eine Gruppe, die in der modernen Gleichungstheorie eine überragende Stellung einnimmt. — Im Sinne der modernen Algebra ist dementsprechend auch der einzig richtige Ausgangspunkt für die Theorie der zyklischen Gleichungen die Definition. „Eine Gleichung $a(x) = 0$ heißt über $\mathfrak{K}$ zyklisch, wenn die zugehörige Galoissche Gruppe Γ zyklisch ist, d. h. nur aus einer einzigen Vertauschung $\mathfrak{Z}$ und ihren Potenzen $\mathfrak{Z}^2, \mathfrak{Z}^3, \ldots$ besteht“.

Abschnitt V. Kreisteilungstheorie.

§ 30. Grundlagen und Problemstellung.

Bei der Zurückführung einer zyklischen Gleichung vom Grade n auf binomische Hilfsgleichungen mußten wir ausdrücklich voraussetzen, daß die n-ten Einheitswurzeln dem

Grundkorper $\mathfrak{K}$ angehorten. Bisher kennen wir aber fur diese Einheitswurzeln nur die transzendente Darstellung mit Hilfe der trigonometrischen Funktionen Sinus und Cosinus. Es handelt sich nun darum, die algebraischen Beziehungen der n-ten Einheitswurzeln zum Korper $\mathfrak{K}_0$ der rationalen Zahlen zu untersuchen, d. h. die algebraische Theorie der Gleichung $x^n - 1 = 0$ uber $\mathfrak{K}_0$ zu entwickeln. Dabei beschranken wir uns weitgehend auf den Fall, daß $n = p$ eine Primzahl darstellt.

Das Polynom $x^p - 1$ besitzt uber $\mathfrak{K}_0$ die Zerlegung $x^p - 1 = (x-1) \cdot (x^{p-1} + x^{p-2} + \cdots + 1)$ in die unzerlegbaren Faktoren $x - 1$ und $\pi(x) = x^{p-1} + x^{p-2} + \cdots + 1$ (vgl § 12). Nach § 17 ist eine beliebige Wurzel ε von $\pi(x)$ stets eine primitive p-te Einheitswurzel, und es stellen dementsprechend $\varepsilon, \varepsilon^2, \dots \varepsilon^{p-1}, \varepsilon^p = 1$ die samtlichen p-ten Einheitswurzeln dar. Da wir uns aber im folgenden nur fur die Nullstellen des unzerlegbaren Polynoms $\pi(x)$ interessieren, zu denen die 1 nicht gehort, ist diese bisher immer benutzte Anordnung der Einheitswurzeln diesmal fur unsre Zwecke ungeeignet. Zu einer neuen, brauchbaren Anordnung unter Ausschluß der 1 gelangen wir durch die folgende, an § 29 anknupfende Überlegung:

Es sei $\varepsilon = \varepsilon_1$, ε_2 sei eine von ε_1 verschiedene Wurzel von $\pi(x)$[1]). Dann gilt jedenfalls eine Gleichung $\varepsilon_2 = \varepsilon_1^g$, d. h. wir haben $\varepsilon_2 = f(\varepsilon_1)$ mit $f(x) = x^g$. Bilden wir nun $\varepsilon_3 = \varepsilon_2^g = \varepsilon_1^{(g^2)}, \varepsilon_4 = \varepsilon_3^g = \varepsilon_1^{(g^3)}, \dots \varepsilon_i = \varepsilon_{i-1}^g = \varepsilon^{(g^{i-1})}, \dots$ so kommen wir nach § 29 immer wieder zu Wurzeln von $\pi(x)$. Da aber der Grad $p-1$ von $\pi(x)$ keine Primzahl ist, stehen wir vor der Frage:

Kann man ε_2, d. h. g immer so wahlen, daß die Wurzeln $\varepsilon_1, \varepsilon_2, \dots \varepsilon_{p-1}$ von $\pi(x)$ alle verschieden ausfallen, und daß dementsprechend jede Wurzel von $\pi(x)$ in der Reihe $\varepsilon_1, \dots \varepsilon_{p-1}$ vorkommt?

---

[1]) Die Bezeichnung ist hier etwas anders als in § 17!

Da ε^a dann und nur dann gleich ε^b wird, wenn a und b durch p geteilt denselben Rest lassen, $a \equiv b(p)$, handelt es sich fur uns einfach darum, festzustellen, ob es stets ein g gibt mit der Eigenschaft, daß fur $0 \leqq a < b \leqq p-2$ niemals $g^a \equiv g^b(p)$ wird. Die Antwort auf diese rein zahlentheoretische Frage, bei der uns hier nur das Endergebnis, nicht aber der an anderer Stelle (z B. bei A Scholz, Einfuhrung in die Zahlentheorie, Sammlung Goschen Nr. 1131, § 18) zu findende Beweis interessiert, lautet bejahend:

Ist g eine beliebige durch p unteilbare ganze Zahl, so ist der kleinste positive Exponent r, fur den $g^r \equiv 1(p)$ wird, stets ein Teiler von $p-1$ Ist $r = p-1$, so kann fur $0 \leqq a < b \leqq p-2$ niemals $g^a \equiv g^b(p)$ sein. Es gibt stets Zahlen g, sogenannte „primitive Kongruenzwurzeln modulo p", fur die $r = p-1$ wird.

Ein systematisches Verfahren, um zu jeder Primzahl p eine primitive Kongruenzwurzel g zu finden, gibt es nicht. Man ist auf Probieren angewiesen, wobei die folgenden Bemerkungen das Rechnen sehr erleichtern: a) Aus $g \equiv h(p)$ folgt $g^\iota \equiv h^\iota(p)$ fur $\iota = 2, 3, \ldots$. Ist also g eine primitive Kongruenzwurzel, so ist es auch der kleinste positive Rest g^* von g nach p. Es gibt also stets primitive Kongruenzwurzeln unter den Zahlen $2, 3, \ldots\; p-1$. —— b) Da es stets auf die Reste nach p ankommt, kann man bei der Untersuchung einer festen Zahl g statt der Potenzen $g, g^2, g^3, \ldots$ auch die Reihe $g_0 = 1, g_1, g_2, g_3, \ldots$ bilden, wobei g_ι fur $\iota \geqq 1$ jeweils den kleinsten positiven Rest von $g \cdot g_{\iota-1}$ nach p bedeutet. c) g ist dann und nur dann eine primitive Kongruenzwurzel, wenn $g^d \not\equiv 1(p)$ fur jeden echten Teiler d von $p-1$.

Es sei nun $\varepsilon = \varepsilon_1$ eine feste primitive p-te Einheitswurzel, g eine feste primitive Kongruenzwurzel modulo p, und es werde $\varepsilon_\iota = f(\varepsilon_{\iota-1}) = \varepsilon_{\iota-1}^g$ $(\iota = 2, 3, \ldots)$ gesetzt. Dann besteht die Reihe $\varepsilon_1, \varepsilon_2, \ldots \varepsilon_{p-1}$ gerade aus samtlichen Wurzeln von $\pi(x)$, und es wird wegen $g^{p-1} \equiv 1\,(p)$ außerdem $\varepsilon_p = \varepsilon_1$, $\varepsilon_{p+1} = \varepsilon_2, \ldots$, d. h. allgemein $\varepsilon_a = \varepsilon_b$, falls $a \equiv b(p-1)$.

Unter diesen Umstanden ist aber die Gleichung $\pi(x) = 0$ nach § 29 zyklisch, und es besteht die zugehorige Galoissche Gruppe Γ_{p-1} aus allen Potenzen der Vertauschung

$$\mathfrak{Z} = \begin{pmatrix} 1 & 2 & \cdots & p-2 & p-1 \\ 2 & 3 & \ldots & p-1 & 1 \end{pmatrix}.$$

In der Gaußschen Kreisteilungstheorie handelt es sich nun darum, die zyklische Gleichung $\pi(x)$, deren Grad $p-1$ sicher keine Primzahl ist, auf zyklische Hilfsgleichungen von Primzahlgrad zuruckzufuhren. Zu diesem Zwecke behandeln wir zunachst ein scheinbar ganz anderes, im Grunde viel umfassenderes Problem. Wir stellen uns namlich die Aufgabe, die samtlichen Korper zu bestimmen, die zwischen dem Korper $\mathfrak{K}_0 = \mathfrak{K}^{(1)}$ der rationalen Zahlen und dem p-ten Einheitswurzelkorper $\mathfrak{K}^{(1)}[\varepsilon] = \mathfrak{K}^{(p-1)}$ liegen. Dabei stoßen wir auf neue, uberraschende Eigenschaften der zur Gleichung $\pi(x)$ gehorigen Galoisschen Vertauschungsgruppe Γ_{p-1}: Es zeigt sich, daß die gesuchten Zwischenkorper umkehrbar eindeutig den Untergruppen von Γ_{p-1} zugeordnet werden konnen.

§ 31. Zuordnung zwischen Gruppen und Körpern.

Wir wenden uns zum Beweis des am Schlusse von § 30 aufgestellten Satzes und bestimmen dazu zunachst die samtlichen Untergruppen von $\Gamma_{p-1} = \Gamma^{(1)} = \{\mathfrak{Z}^0, \mathfrak{Z}^1, \ldots \mathfrak{Z}^{p-1}\}$.— Es sei Γ eine Untergruppe von $\Gamma^{(1)}$, die von der aus der einzigen Vertauschung $\mathfrak{Z}^0 = \mathfrak{Z}^{p-1}$ bestehenden „trivialen" Untergruppe $\Gamma_1 = \Gamma^{(p-1)} = \{\mathfrak{Z}^0\}$ verschieden ist. Dann wahlen wir in Γ die Vertauschung $\mathfrak{Z}^t$ so, daß der von 0 verschiedene Exponent t moglichst klein wird, und behaupten: t ist ein Teiler von $p-1$, also $p-1 = s \cdot t$, und es besteht

$\Gamma = \Gamma_s = \Gamma^{(t)} = \{\mathfrak{Z}^t, \mathfrak{Z}^{2t}, \ldots \mathfrak{Z}^{s \cdot t}\}$ aus den s Vertauschungen $\mathfrak{Z}^t, \mathfrak{Z}^{2t}, \ldots \mathfrak{Z}^{s \cdot t} = \mathfrak{Z}^0$. In der Tat, mit $\mathfrak{Z}^t$ enthalt die Gruppe Γ sicher auch $\mathfrak{Z}^{2t} = \mathfrak{Z}^t \cdot \mathfrak{Z}^t, \mathfrak{Z}^{3t} = \mathfrak{Z}^{2t} \cdot \mathfrak{Z}^t$, ... Es sei nun $\mathfrak{Z}^k$ $(0 < k \leqq p-1;\ k = r \cdot t + l (0 \leqq l < t))$ eine beliebige Vertauschung aus Γ Dann muß mit $\mathfrak{Z}^t$ und $\mathfrak{Z}^k$ auch $\mathfrak{Z}^{(p-1-r) \cdot t} \cdot \mathfrak{Z}^k = \mathfrak{Z}^{(p-1) \cdot t} \cdot \mathfrak{Z}^l = \mathfrak{Z}^0 \cdot \mathfrak{Z}^l = \mathfrak{Z}^l$ in Γ vorkommen, und wegen der Minimaleigenschaft von t muß $l = 0$, $k = r \cdot t$ sein. Insbesondere gelten diese Uberlegungen auch fur $k = p-1$, da $\mathfrak{Z}^0 = \mathfrak{Z}^{(p-1) \cdot t} = \mathfrak{Z}^{p-1}$ sicher zu Γ gehort. Fertig! — Andrerseits folgt aus den fur beliebiges k gultigen Gleichungen $\mathfrak{Z}^k = \mathfrak{Z}^{k+(p-1)} = \mathfrak{Z}^{k+2(p-1)} = \cdots$ muhelos, daß fur jeden Teiler $t = \frac{p-1}{s}$ von $p-1$ das System $\mathfrak{Z}^t, \mathfrak{Z}^{2t}, \ldots \mathfrak{Z}^{s \cdot t} = \mathfrak{Z}^0$ gleichzeitig mit zwei Vertauschungen stets auch deren Produkt enthalt und somit eine Gruppe bildet. Endergebnis *Die Untergruppen von $\Gamma_{p-1} = \Gamma^{(1)}$ entsprechen umkehrbar eindeutig den Teilern $t = \frac{p-1}{s}$ von $p-1$. Die dem Teiler t zugeordnete Gruppe $\Gamma^{(t)} = \Gamma_s$ besteht aus den s Vertauschungen $\mathfrak{Z}^t, \mathfrak{Z}^{2t}, \ldots \mathfrak{Z}^{s \cdot t} = \mathfrak{Z}^0$*

Es soll nun das Element α aus $\mathfrak{K}^{(p-1)} = \mathfrak{K}^{(1)}[\varepsilon]$ „zur Gruppe $\Gamma^{(t)}$ gehorig“ heißen, wenn $\alpha \cdot \mathfrak{Z}^t = \alpha$ (und damit auch $\alpha \cdot \mathfrak{Z}^{2t} = \alpha, \alpha \cdot \mathfrak{Z}^{3t} = \alpha, \ldots$) wird; ist außerdem $\alpha \cdot \mathfrak{Z}^k \neq \alpha$ fur jede nicht in $\Gamma^{(t)}$ enthaltene Vertauschung $\mathfrak{Z}^k$, so sagen wir, es gehore α „genau“ zu $\Gamma^{(t)}$ (Man beachte daß $\alpha \cdot \mathfrak{Z}$ und damit auch $\alpha \cdot \mathfrak{Z}^2, \alpha \cdot \mathfrak{Z}^3, \ldots$ nach § 29 eindeutig bestimmt ist). Zur Gruppe $\Gamma^{(1)}$ gehoren nach § 28 nur die Elemente von $\mathfrak{K}^{(1)}$

Es sei nun α ein zur beliebigen Gruppe $\Gamma^{(t)}$ gehoriges Element, und es werde $\alpha = \alpha \cdot \mathfrak{Z}^0 = \alpha_1, \alpha \cdot \mathfrak{Z}^1 = \alpha_2, \alpha \cdot \mathfrak{Z}^2 = \alpha_3$ .. gesetzt. Dann ist $\alpha_{t+1} = \alpha \cdot \mathfrak{Z}^t = \alpha_1, \alpha_{t+2} = \alpha_1 \cdot \mathfrak{Z} = \alpha_2$. d. h. allgemein $\alpha_a = \alpha_b$, falls $a \equiv b(t)$. Mit Hilfe dieser Bemerkung zeigt man leicht.

Ist $a(x_1, \ldots x_t)$ ein in den Unbestimmten $x_1, \ldots x_t$ symmetrisches Polynom über $\mathfrak{K}^{(1)}$, so gehört die Zahl $a(\alpha_1, \ldots \alpha_t)$ zu $\mathfrak{K}^{(1)}$. — *Über $\mathfrak{K}^{(1)}$ ist α Nullstelle des Polynoms $p(x) = (x-\alpha_1) \cdot (x-\alpha_2) \cdot \ldots \cdot (x-\alpha_t)$. Gehört α genau zu $\Gamma^{(t)}$, so ist $p(x)$ über $\mathfrak{K}^{(1)}$ unzerlegbar.*

In der Tat, man hat $a(\alpha_1, \ldots \alpha_t) \cdot \mathfrak{Z} = a(\alpha_1 \cdot \mathfrak{Z}, \ldots \alpha_t \cdot \mathfrak{Z}) = a(\alpha_2, \ldots \alpha_t, \alpha_1) = a(\alpha_1, \ldots \alpha_t)$, es gehört also sicher $a(\alpha_1, \ldots \alpha_t)$ zur Gruppe $\Gamma^{(1)}$ und damit zu $\mathfrak{K}^{(1)}$. Aus diesem Ergebnis folgt weiter, daß die Beiwerte von $p(x)$ alle in $\mathfrak{K}^{(1)}$ liegen, denn diese Beiwerte sind ja die mit den richtigen Vorzeichen genommenen symmetrischen Grundfunktionen der α_i. — Bedeutet schließlich $q(x)$ das normierte, über $\mathfrak{K}^{(1)}$ unzerlegbare Polynom mit der Nullstelle α, so ist $q(x)$ jedenfalls ein Teiler von $p(x)$, also $q(x) = (x-\alpha_1) \cdot (x-\alpha_{i_2}) \cdot \ldots \cdot (x-\alpha_{i_r})$ mit $1 < i_2 < \cdots < i_r \leq t$. Da die Beiwerte von $q(x)$ zu $\mathfrak{K}^{(1)}$ gehören, wird $q(x) \cdot \mathfrak{Z}^k = (x-\alpha_1 \cdot \mathfrak{Z}^k) \cdot (x-\alpha_{i_2} \cdot \mathfrak{Z}^k) \cdot \ldots \cdot (x-\alpha_{i_r} \cdot \mathfrak{Z}^k) = q(x)$ für alle k, und wegen $\alpha_{k+1} = \alpha_1 \cdot \mathfrak{Z}^k$ $(k = 1, 2, \ldots)$ muß $q(x)$ jeden Faktor aus der Reihe $x-\alpha_1$, $x-\alpha_2, \ldots x-\alpha_t$ enthalten. Gehört nun α genau zu $\Gamma^{(t)}$, so sind diese Linearfaktoren alle verschieden, und es wird infolgedessen $q(x) = (x-\alpha_1) \cdot (x-\alpha_2) \cdot \ldots \cdot (x-\alpha_t) = p(x)$. — Wir beweisen weiter:

Gehört α genau zu $\Gamma^{(t)}$, so läßt sich jede zu $\Gamma^{(t)}$ gehörige Zahl β als rationale Funktion (und damit nach § 23 auch als Polynom) in α mit Beiwerten aus $\mathfrak{K}^{(1)}$ darstellen.

Wir setzen wieder $\alpha_k = \alpha \cdot \mathfrak{Z}^{k-1}$, $\beta_k = \beta \cdot \mathfrak{Z}^{k-1}$ $(k = 1, 2, \ldots)$, $p(x) = (x-\alpha_1) \cdot \ldots \cdot (x-\alpha_t)$ und bilden das Polynom.

$$(1)\quad P(x) = p(x) \cdot \frac{\beta_1}{x-\alpha_1} + p(x) \cdot \frac{\beta_2}{x-\alpha_2} + \cdots + p(x) \cdot \frac{\beta_t}{x-\alpha_t}.$$

Die Beiwerte von $P(x)$ liegen in $\mathfrak{K}^{(1)}$, da sie symmetrische Funktionen in $\alpha_1, \ldots \alpha_t$ und $\beta_1, \ldots \beta_t$ sind. Für $x = \alpha$ ergibt sich $P(\alpha) = (\alpha - \alpha_2) \cdot (\alpha - \alpha_3) \cdot \ldots \cdot (\alpha - \alpha_t) \cdot \beta_1 = p'(\alpha) \cdot \beta_1$, und es ist dabei unter unsern Voraussetzungen $p'(\alpha) \neq 0$. Man hat daher $\beta = \beta_1 = \frac{P(\alpha)}{p'(\alpha)}$.

Die einfachsten zur Gruppe $\Gamma^{(t)}$ genau gehörigen Elemente sind die sogenannten „Gaußschen Perioden".

$$(2) \qquad \zeta_{i,t} = \varepsilon_i + \varepsilon_{i+t} + \varepsilon_{i+2t} + \cdots + \varepsilon_{i+(s-1)\cdot t}$$
$$\left(i = 1, 2, \ldots; \; s = \frac{p-1}{t}\right).$$

Daß die $\zeta_{i,t}$ zu $\Gamma^{(t)}$ gehören, folgt unmittelbar aus den Gleichungen $\varepsilon_i \cdot \mathfrak{Z}^k = \varepsilon_{i+k}$, $\varepsilon_a = \varepsilon_b$, falls $a \equiv b(p-1)$. Aus diesen Gleichungen ergibt sich außerdem $\zeta_{i,t} \cdot \mathfrak{Z}^k = \zeta_{i+k,t}$; $\zeta_{a,t} = \zeta_{b,t}$, falls $a \equiv b(t)$. — Schließlich kann niemals $\zeta_{i,t} = \zeta_{k,t}$ $(1 \leqq i < k \leqq t)$ sein. Stellen wir nämlich die ε_i als Potenzen von $\varepsilon = \varepsilon_1$ dar, so verwandelt sich die Gleichung $\zeta_{i,t} - \zeta_{k,t} = 0$ in eine Gleichung $\pm \varepsilon^{\varrho_1} \pm \varepsilon^{\varrho_2} \pm \varepsilon^{\varrho_3} \pm \cdots \pm \varepsilon^{\varrho_{2s}} = 0$ $(1 \leqq \varrho_1 < \varrho_2 < \cdots < \varrho_{2s} \leqq p-1)$; daraus folgt weiter $\pm \varepsilon^{\varrho_1 - 1} \pm \varepsilon^{\varrho_2 - 1} \pm \cdots \pm \varepsilon^{\varrho_{2s} - 1} = 0$, und diese letzte Gleichung ist ausgeschlossen, weil sie höchstens den Grad $p-2$ besitzt, während doch ε eine Wurzel des über $\mathfrak{K}^{(1)}$ unzerlegbaren Polynoms $\pi(x)$ vom Grade $p-1$ darstellt.

Die Menge aller der Elemente aus $\mathfrak{K}^{(p-1)}$, die zu einer bestimmten Gruppe $\Gamma^{(t)}$ gehören, bildet einen zwischen $\mathfrak{K}^{(1)}$ und $\mathfrak{K}^{(p-1)}$ liegenden Körper $\mathfrak{K}^{(t)}$. Denn aus $\alpha \cdot \mathfrak{Z}^t = \alpha$, $\beta \cdot \mathfrak{Z}^t = \beta$ folgt sofort $(\alpha + \beta) \cdot \mathfrak{Z}^t = \alpha + \beta$, $(\alpha - \beta) \cdot \mathfrak{Z}^t = \alpha - \beta$, $(\alpha \cdot \beta) \cdot \mathfrak{Z}^t = \alpha \cdot \beta$, $\left(\frac{\alpha}{\beta}\right) \cdot \mathfrak{Z}^t = \frac{\alpha}{\beta}$. Ist ξ_t irgend ein genau zu $\Gamma^{(t)}$ gehöriges Element (z. B. eine der Gaußschen Perioden $\zeta_{i,t}$), so wird stets $\mathfrak{K}^{(t)} = \mathfrak{K}^{(1)}[\xi_t]$. Für $t_1 \neq t_2$ sind die Körper $\mathfrak{K}^{(t_1)}$ und $\mathfrak{K}^{(t_2)}$ stets verschieden. Ist nämlich etwa t_1 kein Teiler von t_2 (also $\Gamma^{(t_2)}$ keine Untergruppe von $\Gamma^{(t_1)}$), so sind die genau zu $\Gamma^{(t_1)}$ gehörigen Elemente zwar in $\mathfrak{K}^{(t_1)}$, aber nicht in $\mathfrak{K}^{(t_2)}$ enthalten.

Es sei nun umgekehrt $\mathfrak{K}$ ein beliebiger Körper zwischen $\mathfrak{K}^{(1)}$ und $\mathfrak{K}^{(p-1)}$, und es bedeute Γ das System aller der Vertauschungen $\mathfrak{Z}^k$ aus $\Gamma^{(1)}$, die für jedes α aus $\mathfrak{K}$ der Gleichung $\alpha \cdot \mathfrak{Z}^k = \alpha$ genügen; dann ist $\Gamma = \Gamma^{(t)}$ sicher eine Untergruppe von $\Gamma^{(1)}$, denn aus $\alpha \cdot \mathfrak{Z}^k = \alpha, \alpha \cdot \mathfrak{Z}^l = \alpha$ folgt stets $\alpha \cdot (\mathfrak{Z}^k \cdot \mathfrak{Z}^l) = \alpha$. Für $k = 1, 2, \ldots t-1$ gibt es nach Definition von $\Gamma^{(t)}$ in $\mathfrak{K}$ stets ein Element $\alpha^{(k)}$ derart, daß $\alpha^{(k)} \cdot \mathfrak{Z}^k \neq \alpha^{(k)}$ ist. Wählen wir nun aus der unendlichen Menge aller rationalen Zahlen die Zahlen $r_1, r_2, \ldots r_{t-1}$ so aus, daß keine der endlich vielen Gleichungen

$$(3)\quad r_1 \cdot (\alpha^{(1)} - \alpha^{(1)} \cdot \mathfrak{Z}^i) + r_2 \cdot (\alpha^{(2)} - \alpha^{(2)} \cdot \mathfrak{Z}^i) + \cdots + r_{t-1} \cdot (\alpha^{(t-1)} - \alpha^{(t-1)} \cdot \mathfrak{Z}^i) = 0 \quad (i = 1, 2, \ldots t-1)$$

erfüllt ist — eine Wahl, deren Möglichkeit mühelos einzusehen ist, — so wird $\xi = r_1 \cdot \alpha^{(1)} + r_2 \cdot \alpha^{(2)} + \cdots + r_{t-1} \cdot \alpha^{(t-1)}$ ein genau zur Gruppe $\Gamma^{(t)}$ gehöriges Element aus $\mathfrak{K}$. Gleichzeitig mit ξ enthält aber $\mathfrak{K}$ alle zu $\Gamma^{(t)}$ gehörigen Elemente, d. h. es wird $\mathfrak{K} = \mathfrak{K}^{(t)}$. — Als Endergebnis unserer Betrachtungen können wir feststellen:

Die Körper zwischen $\mathfrak{K}^{(1)}$ und $\mathfrak{K}^{(p-1)}$ entsprechen umkehrbar eindeutig den Untergruppen der Galoisschen Gruppe $\Gamma^{(1)} = \Gamma_{p-1}$ von $\mathfrak{K}^{(p-1)}$ über $\mathfrak{K}^{(1)}$. Der der Untergruppe $\Gamma^{(t)}$ zugeordnete Körper $\mathfrak{K}^{(t)}$ besteht aus allen den Zahlen von $\mathfrak{K}^{(p-1)}$, die bei der Anwendung einer beliebigen Vertauschung aus $\Gamma^{(t)}$ stets ungeändert bleiben. Umgekehrt enthält $\Gamma^{(t)}$ gerade alle die Vertauschungen aus $\Gamma^{(1)}$, die die sämtlichen Zahlen von $\mathfrak{K}^{(t)}$ in Ruhe lassen.

Damit ist der am Schlusse von § 30 angekündigte Satz in genauerer Fassung voll bewiesen. Man beachte, daß die Zuordnung zwischen Gruppen und Körpern derart ist, daß der größeren (also aus mehr Elementen bestehenden) Gruppe der kleinere Körper entspricht und umgekehrt!

§ 32. Hauptsatz über $\pi(x)$. Der Fall $p = 17$.

Es sei $p-1 = s \cdot t_1$, $t_1 = s_1 \cdot t_2$, $\xi = \xi_1$ sei ein genau zur Gruppe $\Gamma^{(t_1)}$ gehöriges Element, so daß $\mathfrak{K}^{(t_1)} = \mathfrak{K}^{(1)}[\xi]$ wird. Wir behaupten

Setzt man $\xi_i = \xi \cdot \mathfrak{Z}^{i-1}$, so ist ξ über $\mathfrak{K}^{(t_2)}$ Nullstelle der zyklischen Gleichung

$$p(x) = (x-\xi_1) \cdot (x-\xi_{1+t_2})$$
$$(x-\xi_{1+2\,t_2}) \cdot \ldots \; (x-\xi_{1+(s_1-1)\,t_2}) = 0.$$

In der Tat, aus $\xi_{1+t_1} = \xi_{1+s_1 \cdot t_2} = \xi_1$ folgt sofort, daß $p(x) \cdot \mathfrak{Z}^{t_2} = p(x)$ wird, daß also die Beiwerte von $p(x)$ alle dem Körper $\mathfrak{K}^{(t_2)}$ angehören. Daß $p(x)$ über $\mathfrak{K}^{(t_2)}$ unzerlegbar ist, wird im allgemeinen Fall genau so bewiesen wie in dem in § 31 ausführlich behandelten Spezialfall $t_2 = 1$. Daß die Gleichung $p(x) = 0$ zyklisch ist, ergibt sich bei einer Primzahl s_2 unmittelbar aus § 29, denn nach § 31 läßt sich jede Wurzel von $p(x)$ als Polynom in ξ_1 über $\mathfrak{K}^{(1)}$ (und damit erst recht über $\mathfrak{K}^{(t_2)}$) darstellen. Auch im Falle einer Nichtprimzahl s_2 kann der zyklische Charakter der Gleichung $p(x) = 0$ unschwer nachgewiesen werden. Doch wollen wir auf den für unsere weiteren Zwecke entbehrlichen Beweis hier nicht näher eingehen.

Es sei nun $p-1 = p_1 \cdot p_2 \cdot \ldots \cdot p_\omega$ die Primfaktorzerlegung von $p-1$, wobei die Reihenfolge der Primzahlen p_i beliebig festgelegt werden kann. Ferner werde $t_0 = p-1$, $t_i = \dfrac{p-1}{p_1 \cdot p_2 \cdot \ldots \cdot p_i}$ $(i = 1, \ldots \omega)$ gesetzt, und es bedeute $\xi^{(t_i)}$ $(i = 0, \ldots \omega-1)$ ein genau zur Gruppe $\Gamma^{(t_i)}$ gehöriges Element. Dann wird $\mathfrak{K}^{(t_i)} = \mathfrak{K}^{(t_i+1)}[\xi^{(t_i)}]$, und es genügt $\xi^{(t_i)}$ über $\mathfrak{K}^{(t_i+1)}$ jeweils einer zyklischen Gleichung vom Primzahlgrade p_{i+1} $(i = 0, \ldots \omega-1)$. Es gilt also der Hauptsatz

Die Auflösung der Gleichung $\pi(x) = 0$ läßt sich auf die Auflösung zyklischer Hilfsgleichungen von Primzahlgraden zurück-

führen, und zwar so, daß das Produkt der Grade der Hilfsgleichungen gleich dem Grade der ursprünglich gegebenen Gleichung wird. (Man beachte, daß für $\xi^{(t_0)}$ eine Wurzel ε von $\pi(x)$ gewählt werden darf).

Die wirkliche Durchführung der Rechnung erläutern wir an dem geometrisch besonders wichtigen Spezialfall $p = 17$. Hier haben wir eindeutig $t_0 = 16$, $t_1 = 8$, $t_2 = 4$, $t_3 = 2$, $t_\omega = t_4 = 1$. Für $\xi^{(16)}, \xi^{(8)}, \xi^{(4)}, \xi^{(2)}$ wählen wir die Gaußschen Perioden $\zeta_{1,16}, \zeta_{1,8}, \zeta_{1,4}, \zeta_{1,2}$; der Anordnung der ε_i legen wir die primitive Kongruenzwurzel 3 zugrunde. Es wird dann

$$(1)\quad \begin{cases} \varepsilon_1 = \varepsilon, & \varepsilon_2 = \varepsilon^3, & \varepsilon_3 = \varepsilon^9, & \varepsilon_4 = \varepsilon^{10}, \\ \varepsilon_5 = \varepsilon^{13}, & \varepsilon_6 = \varepsilon^5, & \varepsilon_7 = \varepsilon^{15}, & \varepsilon_8 = \varepsilon^{11}, \\ \varepsilon_9 = \varepsilon^{16}, & \varepsilon_{10} = \varepsilon^{14}, & \varepsilon_{11} = \varepsilon^8, & \varepsilon_{12} = \varepsilon^7, \\ \varepsilon_{13} = \varepsilon^4, & \varepsilon_{14} = \varepsilon^{12}, & \varepsilon_{15} = \varepsilon^2, & \varepsilon_{16} = \varepsilon^6. \end{cases}$$

Die erste Aufgabe ist die Ermittlung der Gleichung, der $\zeta_{1,2}$ über $\mathfrak{K}^{(1)}$ genügt, also die Bestimmung der Beiwerte des Polynoms $(x - \zeta_{1,2}) \cdot (x - \zeta_{2,2})$. Für $-(\zeta_{1,2} + \zeta_{2,2})$ ergibt sich sofort der Wert $-(\varepsilon_1 + \varepsilon_2 + \cdots + \varepsilon_{16}) = 1$. Mühsam ist dagegen die direkte Ausrechnung des Produktes

$$\zeta_{1,2} \cdot \zeta_{2,2} = (\varepsilon + \varepsilon^9 + \varepsilon^{13} + \varepsilon^{15} + \varepsilon^{16} + \varepsilon^8 + \varepsilon^4 + \varepsilon^2) \cdot (\varepsilon^3 + \varepsilon^{10} + \varepsilon^5 + \varepsilon^{11} + \varepsilon^{14} + \varepsilon^7 + \varepsilon^{12} + \varepsilon^6).$$

Am besten stützt man sich auf den folgenden allgemeinen, leicht zu verifizierenden Hilfssatz

Für jedes Produkt $\zeta_{i,t} \cdot \zeta_{k,t}$ zweier zur selben Gruppe $\Gamma^{(t)}$ gehörigen Gaußschen Perioden gilt eine Gleichung $\zeta_{i,t} \cdot \zeta_{k,t} = g_1 \cdot \zeta_{1,t} + g_2 \cdot \zeta_{2,t} + \cdots + g_t \cdot \zeta_{t,t}$, bei der die g_i nichtnegative ganze Zahlen sind.

In unserm Spezialfall wird $\zeta_{1,2} \cdot \zeta_{2,2} = g_1 \cdot \zeta_{1,2} + g_2 \cdot \zeta_{2,2}$. Wäre $g_1 \neq g_2$, so wäre mit $\zeta_{1,2} + \zeta_{2,2}$ und $\zeta_{1,2} \cdot \zeta_{2,2}$ auch $\zeta_{2,2} = \frac{1}{g_2 - g_1} \cdot (\zeta_{1,2} \cdot \zeta_{2,2} - g_1(\zeta_{1,2} + \zeta_{2,2}))$ rational, was nicht stimmt. Es ist also $g_1 = g_2$, und aus der Tatsache, daß in $\zeta_{1,2}$ und $\zeta_{2,2}$ je acht, in $\zeta_{1,2} \cdot \zeta_{2,2}$ aber 64 ε-Potenzen auftreten, folgt sofort $g_1 = g_2 = 4$, $\zeta_{1,2} \cdot \zeta_{2,2} = 4 \cdot (\zeta_{1,2} + \zeta_{2,2}), = -4$. Die Gleichung für $\zeta_{1,2}$ (und $\zeta_{2,2}$) über $\mathfrak{K}^{(1)}$ lautet also

$$(2)\qquad x^2 + x - 4 = 0.$$

Bei der Bestimmung der Gleichung für $\zeta_{1,4} = \varepsilon + \varepsilon^{13} + \varepsilon^{16} + \varepsilon^4$ und $\zeta_{3,4} = \varepsilon^9 + \varepsilon^{15} + \varepsilon^8 + \varepsilon^2$ über $\mathfrak{K}^{(2)} = \mathfrak{K}^{(1)}[\zeta_{1,2}]$ erhält man sofort $\zeta_{1,4} + \zeta_{3,4} = \zeta_{1,2}$, während eine leichte Rechnung $\zeta_{1,4} \cdot \zeta_{3,4} = \zeta_{1,4} + \zeta_{2,4} + \zeta_{3,4} + \zeta_{4,4} = -1$ liefert. Die gesuchte Gleichung lautet also

(3) $$x^2 - \zeta_{1,2}\, x - 1 = 0\,.$$

(In gleicher Weise würde man für $\zeta_{2,4}$ und $\zeta_{4,4}$ die Gleichung $x^2 - \zeta_{2,2}\, x - 1 = 0$ erhalten.) — Die weiteren, äußerst einfachen Rechnungen bedürfen keiner Erläuterung. $\zeta_{1,8} = \varepsilon + \varepsilon^{16}$ und $\zeta_{5,8} = \varepsilon^{13} + \varepsilon^{4}$ genügen über $\mathfrak{K}^{(4)} = \mathfrak{K}^{(1)}[\zeta_{1,4}]$ der Gleichung

(4) $$x^2 - \zeta_{1,4}\, x + \zeta_{2,4} = 0\,,$$

und für $\zeta_{1,16} = \varepsilon$ und $\zeta_{9,16} = \varepsilon^{16} = \varepsilon^{-1}$ findet man über $\mathfrak{K}^{(8)} = \mathfrak{K}^{(1)}[\zeta_{1,8}]$ die Gleichung

(5) $$x^2 - \zeta_{1,8}\, x + 1 = 0\,.$$

Gleichung (4) hat den Schönheitsfehler, daß neben $\zeta_{1,4}$ auch $\zeta_{2,4}$ auftritt, während wir uns doch $\mathfrak{K}^{(4)}$ allein durch $\zeta_{1,4}$ erzeugt dachten. Wir müssen also $\zeta_{2,4}$ rational durch $\zeta_{1,4}$ ausdrücken, was z. B. mit Hilfe der Formel (1) von § 31 geschehen kann, aber immer eine wesentlich umständlichere Rechnung erfordert als die Aufstellung der Gleichungen (2), (3), (4), (5). Wir geben nur das Endresultat an. Es wird $\zeta_{2,4} = -\frac{1}{2}\zeta_{1,4}^3 + 3\,\zeta_{1,4} - \frac{3}{2}$. An Stelle von (4) können wir also auch schreiben

(4)* $$x^2 - \zeta_{1,4}\, x - \left(\tfrac{1}{2}\,\zeta_{1,4}^3 - 3\,\zeta_{1,4} + \tfrac{3}{2}\right) = 0.$$

Wir behaupten nun: *Wählt man erst für $\zeta_{1,2}$ eine beliebige Wurzel von (2), dann für $\zeta_{1,4}$ eine beliebige Wurzel von (3), dann für $\zeta_{1,8}$ eine solche von (4)*, schließlich für $\zeta_{1,16}$ eine solche von (5), so wird $\zeta_{1,16} = \varepsilon$ stets eine Wurzel von $\pi(x) = x^{16} + \cdots + 1$. Andererseits können auch alle Wurzeln von $\pi(x)$ auf die angegebene Weise erhalten werden.*

Der letzte Teil der Behauptung ist klar. Denn von welcher Wurzel $\varepsilon = \zeta_{1,16}$ von $\pi(x)$ man auch ausgeht, stets müssen die zugehörigen $\zeta_{1,k}$ $(k = 2, 4, 8, 16)$ den Gleichungen (2), (3), (4)*, (5) genügen. Aus dem letzten Teil der Behauptung folgt aber sofort der erste. Denn es wird die Anzahl der Werte für $\zeta_{1,16}$, die man durch alle Anwendungen unsres Lösungsverfahrens erhält, offenbar gleich $2 \cdot 2 \cdot 2 \cdot 2 = 16$, also genau gleich der Anzahl der verschiedenen Wurzeln von $\pi(x)$.

Vom Standpunkt der formalen Algebra aus, bei der alle Wurzeln von $\pi(x)$ gleichberechtigt sind, sind wir fertig. Vom Standpunkt der Analysis aus dagegen, wo die Wurzeln von $\pi(x)$ durch ihre Lage in der komplexen Zahlenebene unterschieden werden können, müssen wir weiterfragen: Wie sind die Wurzeln der Gleichungen (2), (3), (4)*, (5) festzulegen, wenn man eine bestimmte Wurzel von $\pi(x)$, etwa $\varepsilon = e^{\frac{2\pi i}{17}}$, erhalten will? Mit Hilfe der Formeln $\varepsilon^{17-a} = \varepsilon^{-a} = \overline{\varepsilon^{a}}$ und $e^{i\varphi} = \cos\varphi + i \cdot \sin\varphi$ erhält man für $\varepsilon = e^{\frac{2\pi i}{17}}$:

$$\begin{aligned} \zeta_{1,2} &= 2 \cdot \left(\cos\frac{2\pi}{17} + \cos\frac{16\pi}{17} + \cos\frac{8\pi}{17} + \cos\frac{4\pi}{17}\right) \\ &> 2 \cdot \left(\frac{1}{2} - 1 + 0 + \frac{1}{2}\right) = 0, \end{aligned}$$

es ist also $\zeta_{1,2}$ die (wegen $\zeta_{1,2} \cdot \zeta_{2,2} = -1$ einzige) positive Wurzel von (2). Ebenso leicht sieht man, daß $\zeta_{1,4} = 2 \cdot \left(\cos\frac{2\pi}{17} + \cos\frac{8\pi}{17}\right)$ größer als 0, also die (wegen $\zeta_{1,4} \cdot \zeta_{3,4} = -1$ einzige) positive Wurzel von (3) ist. Ferner hat man

$$\zeta_{1,8} = 2 \cdot \cos\frac{2\pi}{17} > \zeta_{5,8} = 2 \cdot \cos\frac{8\pi}{17},$$

es ist also für $\zeta_{1,8}$ die größere der beiden (positiven) Wurzeln von (4)* zu wählen. Schließlich ist unmittelbar klar, daß ε diejenige Wurzel von (5) darstellt, die den positiven Imaginärteil besitzt.

Mit Rücksicht auf die geometrische Anwendung in § 33 sei noch bemerkt: Ist g eine beliebige primitive Kongruenzwurzel modulo p, so ist stets $g^{\frac{p-1}{2}} \equiv -1 (p)$ und es wird infolgedessen immer $\varepsilon_{k+\frac{p-1}{2}} = \varepsilon_k^{-1} = \overline{\varepsilon_k}$ $\left(k = 1, 2, \ldots, \frac{p-1}{2}\right)$. Die Gaußschen Perioden $\zeta_{k,\frac{p-1}{2}}$ $\left(k = 1, \ldots, \frac{p-1}{2}\right)$ sind unter diesen Umständen bis auf die Reihenfolge identisch mit den reellen Zahlen $2 \cdot \cos\frac{2\pi k}{p}$ $\left(k = 1, \ldots, \frac{p-1}{2}\right)$ und es werden die sämtlichen Perioden $\zeta_{k,l}$ reell, bei denen l ein Teiler von $\frac{p-1}{2}$ ist. $\cos\frac{2\pi}{p}$ genügt daher über $\mathfrak{K}^{(1)}$

einer unzerlegbaren reellzahligen Gleichung vom Grade $\frac{p-1}{2}$, die sich so auf die Lösung reellzahliger zyklischer Hilfsgleichungen von Primzahlgrad zurückführen läßt, daß das Produkt der Grade der Hilfsgleichungen genau gleich $\frac{p-1}{2}$ wird.

§ 33. Anwendung und Verallgemeinerung.

Aus den Untersuchungen von § 32 folgt sofort:

Das reguläre p-Eck kann dann und nur dann mit Zirkel und Lineal konstruiert werden, wenn $p-1$ eine Potenz von 2 ist.

Zum Beweis, dessen Einzelheiten der Leser bequem selbst ausführen kann, beachte man § 16, Beispiel 4 (algebraische Fassung des Problems), § 23, Kleindruck (Nichtkonstruierbarkeit des p-Ecks, falls $p-1$ einen ungeraden Teiler besitzt), § 32, insbesondere die Schlußbemerkung (Konstruierbarkeit, falls $p-1=2^r$). — Bei den Primzahlen der Form 2^r+1, den sogenannten „Gaußschen Primzahlen", muß der Exponent r selbst eine Potenz von 2 sein, $r=2^s$. Ist nämlich $r=m\cdot n$ mit ungeradem n, so ist

$$2^r+1=(2^m)^n+1=(2^m+1)\cdot(2^{m(n-1)}-2^{m(n-2)}+\cdots+1)$$

niemals eine Primzahl. Setzt man in dem Ausdruck $2^{(2^s)}+1$ für s die Werte 0, 1, 2, 3, 4 ein, so erhält man die Gaußschen Primzahlen 3, 5, 17, 257, 65537. Für $s=5$, 6, 7, 8, 9, 11, 12 konnte man zeigen, daß keine Primzahlen vorliegen. Darüber hinaus wurden zwar wichtige Teilergebnisse gewonnen, aber bis jetzt kein entscheidender Fortschritt erzielt. Vielleicht existieren unendlich viele Gaußsche Primzahlen, vielleicht nur die fünf bereits bekannten.

Nach der ausführlichen Behandlung des Primzahlfalles $n=p$ können wir uns hinsichtlich der Lösung der Kreisteilungsgleichung $x^n-1=0$ für beliebiges n sehr kurz fassen. Es sei zunächst $n=p^t$ eine Primzahlpotenz. Dann genügen alle diejenigen p^t-ten Einheitswurzeln, die nicht schon p^{t-1}-te Einheitswurzeln sind (also die primitiven p^t-ten Einheitswurzeln) der Gleichung $\pi_t(x) = \dfrac{x^{p^t} - 1}{x^{p^{t-1}} - 1} = 0$ und es ist nach § 12 das Polynom $\pi_t(x)$ über dem Körper $\mathfrak{K}_0$ unzerlegbar (auch für $t = 2$[1]), es hat also der Körper $\mathfrak{K}_t$ der primitiven p^t-ten Einheitswurzeln über dem Körper $\mathfrak{K}_0$ der rationalen Zahlen stets denselben Grad $p^{t-1} \cdot (p - 1)$ wie das Polynom $\pi_t(x)$. Nach dem Gradsatz von § 23 folgt daraus weiter: $\mathfrak{K}_1 : \mathfrak{K}_0 = p - 1$, $\mathfrak{K}_t : \mathfrak{K}_{t-1} = p \, (t > 1)$. Andererseits wird für $\varepsilon_t = e^{2\pi i p^{-t}}$ jeweils $\mathfrak{K}_t = \mathfrak{K}_0(\varepsilon_t) = \mathfrak{K}_{t-1}(\varepsilon_t)$, und es genügt ε_t über $\mathfrak{K}_{t-1}$ der Gleichung $x^p - \varepsilon_{t-1} = 0$. Nach den über die Körpergrade gemachten Feststellungen muß diese Gleichung für $t > 1$ unzerlegbar sein. und da die p-ten Einheitswurzeln bereits in $\mathfrak{K}_{t-1}$ liegen, ist sie nach § 28 über $\mathfrak{K}_{t-1}$ zyklisch. Berücksichtigt man noch die für die Gleichung $\pi_1(x) = \pi(x) = 0$, der ε_1 über $\mathfrak{K}_0$ genügt, in §§ 30–32 gewonnenen Ergebnisse, so hat man den Satz: Die Lösung der unzerlegbaren Gleichung $\pi_t(x) = 0$ vom Grade $p^{t-1} \cdot (p - 1)$, der die primitiven p^t-ten Einheitswurzeln über dem Körper $\mathfrak{K}_0$ der rationalen Zahlen genügen, ist zurückführbar auf die Lösung der für die primitiven p-ten Einheitswurzeln gültigen zyklischen Gleichung $\pi_1(x) = \pi(x) = 0$ vom Grade $p - 1$ und auf die anschließende Lösung von $t - 1$ zyklischen binomischen Gleichungen des Primzahlgrades p. — Ob die Gleichung $\pi_t(x) = 0$ selbst für $t > 1$ über $\mathfrak{K}_0$ zyklisch ist oder nicht, ist mit diesem Resultat noch nicht entschieden. Ohne näheres Eingehen auf den (im wesentlichen zahlentheoretischen) Beweis sei hier nur angegeben, daß tatsächlich $\pi_t(x) = 0$ mit Ausnahme der Fälle $p = 2^t (t \geqq 3)$ stets zyklisch wird. — Für den Fall, daß $n = p_1^{t_1} \cdot \ldots \cdot p_s^{t_s} \, (s > 1)$ das Produkt von Potenzen verschiedener Primzahlen p_i darstellt, wurde im wesentlichen schon in § 17 gezeigt, daß die Lösung der Gleichung $x^n - 1 = 0$ gleichwertig ist mit der Lösung der s Gleichungen $x^{p_i^{t_i}} - 1 = 0 \; (i = 1, \ldots, s)$. Daraus folgt nach unseren bisherigen Ergebnissen sofort, daß die Lösung von $x^n - 1 = 0$ auf die sukzessive Lösung von endlich vielen zyklischen Gleichungen von Primzahlgrad zurückgeführt werden kann, und man überlegt sich leicht weiter, daß der Grad des durch die n-ten Einheitswurzeln erzeugten Körpers $\mathfrak{N}$ über $\mathfrak{K}_0$, ein Teiler von $\prod_{i=1}^{s} p_i^{t_i - 1} \cdot (p_i - 1) = \varphi(n)$ sein muß. Etwas tiefer liegt der Beweis der Tatsache, daß immer genau $\mathfrak{N} : \mathfrak{K}_0 = \varphi(n)$ wird, d. h. im wesentlichen der Beweis der Behauptung, daß auch für ein durch mehrere Primzahlen teilbares n die Gleichung, der gerade die sämtlichen primitiven n-ten Einheitswurzeln genügen, stets über $\mathfrak{K}_0$ unzerlegbar sein muß. Wir werden hierauf im Übungsband näher eingehen. — Für die Konstruktion des regulären n-Ecks bei beliebigem n folgt aus unseren Ergebnissen ohne Heranziehung der ohne Beweis gemachten Angaben mühelos:

Das reguläre n-Eck kann dann und nur dann mit Zirkel und Lineal konstruiert werden, wenn n entweder eine Potenz von 2 ist oder die Gestalt $n = 2^t \cdot p_1 \cdot p_2 \cdots p_s$ $(t \geqq 0)$ besitzt, wobei die p_i Gaußsche Primzahlen sind.

Abschnitt VI. Metazyklische und Radikalkörper.

§ 34. Normalkörper. Satz von Abel.

$\mathfrak{N}$ heißt „über $\mathfrak{K}$ normal" („Normalkörper über $\mathfrak{K}$"), wenn $\mathfrak{N}$ aus $\mathfrak{K}$ durch Hinzunahme aller Nullstellen eines (nicht notwendig unzerlegbaren) Polynoms $f(x) = (x-\alpha_1) \cdot \ldots \cdot (x-\alpha_n)$ aus $\mathfrak{K}[x]$ entsteht, $\mathfrak{N} = \mathfrak{K}(\alpha_1, \ldots, \alpha_n)$. Ist $\mathfrak{K}'$ ein Oberkörper von $\mathfrak{K}$ und $\mathfrak{N} = \mathfrak{K}(\alpha_1, \ldots, \alpha_n)$ über $\mathfrak{K}$ normal, so ist auch $\mathfrak{N}' = \mathfrak{K}'(\alpha_1, \ldots, \alpha_n)$ über $\mathfrak{K}'$ normal. Weiter stellt der Vereinigungskörper $\mathfrak{N}_1 \cdot \mathfrak{N}_2 = \mathfrak{K}(\alpha_1, \ldots, \alpha_n, \beta_1, \ldots, \beta_m)$ zweier über $\mathfrak{K}$ normaler Körper $\mathfrak{N}_1 = \mathfrak{K}(\alpha_1, \ldots, \alpha_n)$, $\mathfrak{N}_2 = \mathfrak{K}(\beta_1, \ldots, \beta_m)$ stets selbst einen Normalkörper über $\mathfrak{K}$ dar, weil gleichzeitig mit $f(x) = \prod_{i=1}^{n} (x-\alpha_i)$ und $g(x) = \prod_{k=1}^{m} (x-\beta_k)$ auch $f(x) \cdot g(x) = \prod_{i=1}^{n} (x-\alpha_i) \cdot \prod_{k=1}^{m} (x-\beta_k)$ zu $\mathfrak{K}[x]$ gehört. Schließlich folgt leicht aus dem weiter unten zu beweisenden Gradgleichheitssatz, daß auch der Durchschnitt $\mathfrak{N}_1 \frown \mathfrak{N}_2$ zweier Normaloberkörper von $\mathfrak{K}$, d. h. der Körper aller sowohl in $\mathfrak{N}_1$ als auch in $\mathfrak{N}_2$ enthaltenen Elemente, selbst einen Normaloberkörper von $\mathfrak{K}$ bildet. Andererseits muß man sehr beachten, daß $\mathfrak{M}$ nicht immer über $\mathfrak{K}$ normal ist, falls $\mathfrak{M}$ einen Normaloberkörper von $\mathfrak{L}$, $\mathfrak{L}$ einen solchen von $\mathfrak{K}$ darstellt.

Z. B. $\mathfrak{K} = \mathfrak{K}_0$, $\alpha = \sqrt{2}$, $\beta = \sqrt{\alpha}$, $\mathfrak{L} = \mathfrak{K}(\alpha) = \mathfrak{K}(\alpha, -\alpha)$, $\mathfrak{M} = \mathfrak{L}(\beta) = \mathfrak{L}(\beta, -\beta)$. $\mathfrak{L}$ bzw. $\mathfrak{M}$ normal über $\mathfrak{K}_0$ bzw. $\mathfrak{L}$, weil $(x-\alpha) \cdot$

$(x+\alpha) = x^2-2$ in $\mathfrak{K}_0[x]$ bzw. $(x-\beta)\cdot(x+\beta) = x^2-\alpha$ in $\mathfrak{L}[x]$. $\mathfrak{M}$ nach dem Gradgleichheitssatz nicht normal uber $\mathfrak{K}_0$, weil $x^4-2 = (x-\beta)\cdot(x+\beta)\cdot(x^2+\alpha)$, wobei x^4-2 irreduzibel uber $\mathfrak{K}_0$, $x^2+\alpha$ irreduzibel uber $\mathfrak{M}$.

Grundlegend fur die Vorzugsstellung der Normalkorper ist der

Gradgleichheitssatz. Ein uber $\mathfrak{K}$ unzerlegbares Polynom $p(x)$ zerfallt uber dem Normaloberkörper $\mathfrak{N}$ von $\mathfrak{K}$ stets in lauter unzerlegbare Faktoren gleichen Grades.

Beweis. Es sei $\mathfrak{N} = \mathfrak{K}(\alpha_1,\ldots,\alpha_n)$, wobei $f(x) = x^n - a_1x^{n-1}+\ldots\pm a_n = \prod(x-\alpha_i)$ in $\mathfrak{K}[x]$. $\pi(x)$ sei ein uber $\mathfrak{N}$ unzerlegbarer Faktor von moglichst niedrigem, etwa m-ten Grade. Die Beiwerte von $\pi(x)$ seien dargestellt als Polynome in $\alpha_1,\ldots,\alpha_n$ uber $\mathfrak{K}$, sodaß $\pi(x) = \pi(x;\ \alpha_1,\ldots,\alpha_n)$ formal ein Polynom uber $\mathfrak{K}$ in $x,\alpha_1,\ldots,\alpha_n$ wird; $\pi_k(x)$ seien die samtlichen Polynome aus $\mathfrak{N}[x]$, die entstehen, wenn man in $\pi(x) = \pi(x;\alpha_1,\ldots,\alpha_n)$ die α_i beliebig vertauscht. Dann wird $P(x) = \prod\pi_k(x)$ ein Polynom aus $\mathfrak{K}[x]$, weil die Beiwerte von $P(x)$ symmetrische Funktionen uber $\mathfrak{K}$ in $\alpha_1,\ldots,\alpha_n$ und somit Polynome uber $\mathfrak{K}$ in $a_1,\ldots,a_n$ sind. Da $p(x)$ unzerlegbar und zu $P(x)$ nicht teilerfremd ist, muß $P(x) = p(x)\cdot q(x)$ sein, und es muß daher wegen $P(x) = \prod\pi_k(x)$ jeder uber $\mathfrak{N}$ unzerlegbare Teiler $\varrho(x)$ von $p(x)$ seinerseits mindestens ein $\pi_k(x)$, etwa $\pi_{k_0}(x)$ teilen. Der Grad m' von $\varrho(x)$ ist daher hochstens gleich dem Grade m von $\pi_{k_0}(x)$ und aus der Minimaleigenschaft von m folgt sofort $m' = m$, $\varrho(x) = \pi_{k_0}(x)$. Damit ist der Gradgleichheitssatz bewiesen, und es ist sogar scharfer gezeigt, daß jeder uber $\mathfrak{N}$ unzerlegbare Teiler von $p(x)$ ein $\pi_k(x)$ sein muß. (Es braucht aber keineswegs umgekehrt jedes $\pi_k(x)$ Teiler von $p(x)$ zu sein.) Fur $m = 1$ folgt aus unserem Resultat speziell: *Enthalt der Normalkorper $\mathfrak{N}$ eine einzige Nullstelle des uber $\mathfrak{K}$ unzerlegbaren Polynoms $p(x)$, so enthalt er alle Nullstellen von $p(x)$* Aus dieser Bemerkung wiederum ergibt sich sofort, daß mit $\mathfrak{N}_1$ und $\mathfrak{N}_2$ auch $\mathfrak{N}_1 \frown \mathfrak{N}_2$

über $\mathfrak{K}$ normal ist. Es sei nämlich $\mathfrak{N}_1 \cap \mathfrak{N}_2 = \mathfrak{K}(\gamma_1, \ldots, \gamma_l)$, $p_i(x)$ das unzerlegbare Polynom aus $\mathfrak{K}[x]$ mit der Nullstelle γ_i. Dann enthält $\mathfrak{N}_1 \cap \mathfrak{N}_2$ für jedes i alle Nullstellen von $p_i(x)$, und es entsteht daher $\mathfrak{N}_1 \cap \mathfrak{N}_2$ aus $\mathfrak{K}$ durch Hinzunahme sämtlicher Nullstellen von $P(x) = \prod p_i(x)$.

Das unzerlegbare Polynom $p(x) = (x-\alpha_1) \cdot \ldots \cdot (x-\alpha_n)$ bzw. die Gleichung $p(x) = 0$ heißt **Normalpolynom** bzw. **Normalgleichung** über $\mathfrak{K}$, wenn der Normalkörper $\mathfrak{K}(\alpha_1, \ldots, \alpha_n)$ schon durch eine einzige Nullstelle von $p(x)$ erzeugt wird, $\mathfrak{K}(\alpha_1, \ldots, \alpha_n) = \mathfrak{K}(\alpha_1)$. Aus dem Gleichberechtigungssatz folgt, daß bei einem Normalpolynom $p(x)$ **jede** Nullstelle den zugehörigen Normalkörper erzeugt, $\mathfrak{K}(\alpha_1) = \mathfrak{K}(\alpha_2) = \ldots = \mathfrak{K}(\alpha_n)$. Alle über $\mathfrak{K}$ zyklischen, unzerlegbaren Polynome sind Normalpolynome. Für ein über $\mathfrak{K}$ unzerlegbares Polynom $p(x)$ von **Primzahlgrad** gilt darüber hinaus: $p(x)$ ist dann und nur dann über $\mathfrak{K}$ zyklisch, wenn $p(x)$ ein Normalpolynom ist. Sehr wichtig ist der

Satz: *Ist $p(x)$ über $\mathfrak{K}$ ein Normalpolynom, so zerfällt $p(x)$ über einem beliebigen Oberkörper $\mathfrak{L}$ von $\mathfrak{K}$ stets in lauter unzerlegbare Faktoren gleichen Grades.*

Sind nämlich $\pi_1(x)$, $\pi_2(x)$ über $\mathfrak{L}$ unzerlegbare Faktoren von $p(x)$ von den Graden n_1, n_2 und ist α_{i_k} $(k = 1, 2)$ eine Nullstelle von $\pi_k(x)$, so hat man $\mathfrak{K}(\alpha_{i_1}) = \mathfrak{K}(\alpha_{i_2})$; $\mathfrak{L}(\alpha_{i_1}) = \mathfrak{L}(\alpha_{i_2})$, $n_1 = \mathfrak{L}(\alpha_{i_1}) : \mathfrak{L} = \mathfrak{L}(\alpha_{i_2}) : \mathfrak{L} = n_2$. — Ist der Normalkörper $\mathfrak{N}$ einfache Erweiterung des Körpers $\mathfrak{K}$, $\mathfrak{N} = \mathfrak{K}(\alpha)$, und bedeutet $p(x)$ das unzerlegbare Polynom aus $\mathfrak{K}[x]$ mit der Nullstelle α, so ist $p(x)$ ein ($\mathfrak{N}$ erzeugendes) Normalpolynom über $\mathfrak{K}$. Denn nach dem Korollar zum Gradgleichheitssatz muß $\mathfrak{N}(\alpha)$ alle Nullstellen von $p(x)$ enthalten. Auf Grund dieser Bemerkung ergibt sich sofort die Existenz von erzeugenden Normalpolynomen für beliebige Normalkörper der Charakteristik 0, wenn man den folgenden fundamentalen **Satz von Abel** heranzieht

Ist $\mathfrak{L}$ eine beliebige endliche algebraische Erweiterung des Körpers $\mathfrak{K}$, entsteht also $\mathfrak{L} = \mathfrak{K}(\alpha_1, \ldots, \alpha_n)$ aus $\mathfrak{K}$ durch Hinzunahme von endlich vielen, über $\mathfrak{K}$ algebraischen Elementen α_i, so ist im Falle der Charakteristik 0 stets $\mathfrak{L}$ eine einfache Erweiterung von $\mathfrak{K}$, $\mathfrak{L} = \mathfrak{K}(\beta)$.

Beim Beweise darf man sich auf den Fall $\mathfrak{L} = \mathfrak{K}(\alpha_1, \alpha_2)$ beschränken, da darüber hinaus Induktion möglich ist. Es sei $p_i(x) = \prod_{k=1}^{n_i} (x - \alpha_{ik})$ $(\alpha_{i1} = \alpha_i;\ i = 1, 2)$ das über $\mathfrak{K}$ unzerlegbare Polynom mit der Nullstelle α_i. Dann sind die mit 2 Unbestimmten u_1, u_2 gebildeten $n_1 \cdot n_2$ Polynome $\alpha_{1k}u_1 + \alpha_{2l}u_2$ $(k = 1, \ldots, n_1,\ l = 1, \ldots, n_2)$ alle verschieden, und es ist daher auch $P(u_1, u_2) \neq 0$, falls $P(u_1, u_2)$ das Produkt aller Differenzen $[(\alpha_{1k}\, u_1 + \alpha_{2l}\, u_2) - (\alpha_{1k'}\, u_1 + \alpha_{2l'}\, u_2)]$ $((k - k')^2 + (l - l')^2 \neq 0)$ bedeutet. Nach dem Nichtnullstellensatz von § 11 gibt es daher in $\mathfrak{K}$ zwei Elemente a, b derart, daß $P(a, b) \neq 0$ wird, und daß dementsprechend im Normalkörper $\mathfrak{N} = \mathfrak{K}(\alpha_{11}, \ldots, \alpha_{1n_1}, \alpha_{21}, \ldots, \alpha_{2n_2})$ die $n_1 \cdot n_2$ Elemente $\beta_{kl} = \alpha_{1k}\, a + \alpha_{2l} b$ alle verschieden sind. Das wegen $\alpha_{i1} = \alpha_i$ $(i = 1, 2)$ zu $\mathfrak{L}$ gehörige Element $\beta = \beta_{11}$ erzeugt nun den Körper $\mathfrak{L}$ aus $\mathfrak{K}$: $\mathfrak{L} = \mathfrak{K}(\beta)$. Es sei nämlich $\zeta = \zeta_{11} = p(\alpha_1, \alpha_2)$ ein beliebiges, als Polynom über $\mathfrak{K}$ in α_1, α_2 dargestelltes Element aus $\mathfrak{L}$, w sei eine Unbestimmte, und es werde gesetzt: $\zeta_{kl} = p(\alpha_{1k}, \alpha_{2l})$, $F(w) = \prod_{k=1}^{n_1} \prod_{l=1}^{n_2} (w - \beta_{kl})$,

$$G(w) = \sum_{k=1}^{n_1} \sum_{l=1}^{n_2} F(w) \cdot \zeta_{kl} \cdot (w - \beta_{kl})^{-1}.$$

Dann sind die Beiwerte von $G(w)$ sowohl in $\alpha_{11}, \ldots, \alpha_{1n_1}$ als auch in $\alpha_{21}, \ldots, \alpha_{2n_2}$ symmetrisch, und daraus folgt sofort, daß $G(w)$ ein Polynom über $\mathfrak{K}$ darstellt. Bedeutet weiter $F'(w)$ die Ableitung von $F(w)$ im Sinne von § 10, so wird $G(\beta) = G(\beta_{11}) = \zeta_{11} \cdot F'(\beta_{11}) = \zeta \cdot F'(\beta)$, und da wegen der Verschiedenheit aller β_{kl} sicher

$F'(\beta_{11}) = F'(\beta) \neq 0$, wird $\zeta = G(\beta) \cdot (F'(\beta))^{-1}$, d. h. jedes ζ aus $\mathfrak{L}$ liegt schon in $\mathfrak{K}(\beta)$ Fertig!

Der Abelsche Satz ermoglicht uns den Beweis eines fur die in § 35 zu entwickelnde Theorie der metazyklischen Korper grundlegenden Normalkorpertheorems. Der Normaloberkorper $\mathfrak{N}$ von $\mathfrak{K}$ moge uber $\mathfrak{K}$ einfach heißen, wenn es keinen echten gleichfalls uber $\mathfrak{K}$ normalen Zwischenkorper $\mathfrak{N}'$ zwischen $\mathfrak{K}$ und $\mathfrak{N}$ gibt.

Satz: *Sind $\mathfrak{N}_1$ und $\mathfrak{N}_2$ zwei verschiedene einfache Normaloberkorper von $\mathfrak{K}$ von den Graden n_1, n_2, so hat der Vereinigungskorper $\mathfrak{M} = \mathfrak{N}_1 \cdot \mathfrak{N}_2$ von $\mathfrak{N}_1, \mathfrak{N}_2$ uber $\mathfrak{K}$ den Grad $n_1 \cdot n_2$, und es ist $\mathfrak{M}$ uber $\mathfrak{N}_1$ und uber $\mathfrak{N}_2$ einfach.*

Der Durchschnitt $\mathfrak{N}_1 \frown \mathfrak{N}_2$ von $\mathfrak{N}_1$ und $\mathfrak{N}_2$ ist ein echter Unterkorper von $\mathfrak{N}_1$ und uber $\mathfrak{K}$ normal, wegen der Einfachheit von $\mathfrak{N}_1$ ist er somit gleich $\mathfrak{K}$. Es sei nun $p(x) = \prod_{k=1}^{n_2} (x - \beta_k)$ erzeugendes Normalpolynom von $\mathfrak{N}_2$, also $\mathfrak{N}_2 = \mathfrak{K}(\beta_1) = \ldots = \mathfrak{K}(\beta_{n_2})$. Dann muß $p(x)$ uber $\mathfrak{N}_1$ unzerlegbar sein Denn jeder normierte Faktor $q(x)$ von $p(x)$ liegt in $\mathfrak{N}_2[x]$, soll demnach nun $q(x)$ auch in $\mathfrak{N}_1[x]$ liegen, so gehort $q(x)$ wegen $\mathfrak{N}_1 \frown \mathfrak{N}_2 = \mathfrak{K}$ sogar zu $\mathfrak{K}[x]$, d h. es wird $q(x) = p(x)$ wegen der Unzerlegbarkeit von $p(x)$ uber $\mathfrak{K}$. Aus der Unzerlegbarkeit von $p(x)$ uber $\mathfrak{N}_1$ und $\mathfrak{M} = \mathfrak{N}_1 \cdot \mathfrak{N}_2 = \mathfrak{N}_1(\beta_1)$ folgt fur den Grad $\mathfrak{M} \cdot \mathfrak{K}$ sofort. $\mathfrak{M}\ \mathfrak{K} = n_2 \cdot (\mathfrak{N}_1 \cdot \mathfrak{K}) = n_2 \cdot n_1$. — Es sei ferner $\mathfrak{M}'$ ein uber $\mathfrak{N}_1$ normaler, in $\mathfrak{M} = \mathfrak{N}_1 \cdot \mathfrak{N}_2$ enthaltener echter Oberkorper von $\mathfrak{N}_1$; $r(x)$ sei der uber $\mathfrak{M}'$ unzerlegbare normierte Faktor von $p(x)$ mit der Nullstelle β_1. Da der Grad von $r(x)$ gleich $\mathfrak{M} . \mathfrak{M}'$ und somit kleiner als n_2 ist, besitzt $r(x)$ mindestens einen Beiwert γ, der zwar als Polynom in gewissen β_i zu $\mathfrak{N}_2$, aber nicht zu $\mathfrak{K}$ gehort Der uber $\mathfrak{K}$ normale Durchschnitt von $\mathfrak{M}'$ und $\mathfrak{N}_2$ ist also von $\mathfrak{K}$ verschieden und wegen der Einfachheit von $\mathfrak{N}_2$ gleich $\mathfrak{N}_2$. D. h. aber. $\mathfrak{M}'$ ist nicht nur Unter-, sondern auch Oberkorper von $\mathfrak{M} = \mathfrak{N}_1 \cdot \mathfrak{N}_2$:

$\mathfrak{M}' = \mathfrak{M}$. Damit ist angesichts der Bedeutung von $\mathfrak{M}'$ die Einfachheit von $\mathfrak{M}$ uber $\mathfrak{N}_1$ bewiesen.

§ 35. Metazyklische Körper und Radikalkörper.

a) Metazyklische Korper. Ist $\mathfrak{K}$ ein echter bzw. ein echter oder unechter Unterkorper von $\mathfrak{L}$, so schreiben wir $\mathfrak{K} \subset \mathfrak{L}$ bzw. $\mathfrak{K} \subseteq \mathfrak{L}$. Der Normaloberkorper $\mathfrak{N}$ heißt zyklisch uber $\mathfrak{K}$, wenn $\mathfrak{N} = \mathfrak{K}(\alpha)$, wobei α Nullstelle eines zyklischen Polynoms $p(x)$ aus $\mathfrak{K}[x]$. Ist der Grad von $p(x)$ eine Primzahl r, so wird $\mathfrak{N}$ primzyklisch genannt. — Nach § 29 ist jeder uber $\mathfrak{K}$ normale Korper von Primzahlgrad primzyklisch. Ist $\mathfrak{N}$ ein beliebiger Normaloberkorper von $\mathfrak{K}$, so nennen wir eine Korperkette $\mathfrak{K} = \mathfrak{N}_0 \subset \mathfrak{N}_1 \subset \ldots \subset \mathfrak{N}_m = \mathfrak{N}$ eine Kompositionsreihe (kurz Kr.) von $\mathfrak{N}$ uber $\mathfrak{K}$, wenn $\mathfrak{N}_i$ fur jedes $i \geq 1$ einen einfachen Normaloberkorper von $\mathfrak{N}_{i-1}$ im Sinne von § 34 (letzter Abschnitt) darstellt. (Dabei braucht fur $1 < i < m$ nicht notwendig $\mathfrak{N}_i$ uber $\mathfrak{K}$ normal zu sein.) Aus der Tatsache, daß m bei keiner Kette $\mathfrak{K} = \mathfrak{N}_0 \subset \mathfrak{N}_1 \subset \ldots \subset \mathfrak{N}_m = \mathfrak{N}$ großer sein kann als die Anzahl der Primfaktoren des Grades $\mathfrak{N}:\mathfrak{K}$, schließt man sofort, daß zu jedem uber $\mathfrak{K}$ normalen $\mathfrak{N}$ mindestens eine Kr. existiert. Daraus folgt weiter, daß es sogar zu jedem zwischen $\mathfrak{K}$ und $\mathfrak{N}$ liegenden Normaloberkorper $\mathfrak{N}'$ von $\mathfrak{K}$ eine Kr. gibt, die $\mathfrak{N}'$ als Glied enthalt. (Man setze eine Kr. von $\mathfrak{N}'$ uber $\mathfrak{K}$ mit einer Kr. von $\mathfrak{N}$ uber $\mathfrak{N}'$ zusammen.) Existiert eine Kr. von $\mathfrak{N}$ uber $\mathfrak{K}$, bei der $\mathfrak{N}_i$ uber $\mathfrak{N}_{i-1}$ stets primzyklisch ist, so wird $\mathfrak{N}$ uber $\mathfrak{K}$ metazyklisch genannt. Metazyklisch ist z. B. nach § 32 der Korper der p-ten Einheitswurzeln uber $\mathfrak{K}_0$. Durch Verallgemeinerung der dort benutzten Überlegungen beweist man leicht weiter die (im Folgenden von uns nicht benotigte) Tatsache, daß jeder uber $\mathfrak{K}$ zyklische Normalkorper $\mathfrak{N}$ (beliebigen Grades) uber $\mathfrak{K}$ metazyklisch ist. — Fur einen beliebigen Normalkorper gilt der fundamentale

Kompositionsreihensatz: *Bei zwei Kompositionsreihen* $\mathfrak{K} = \mathfrak{N}_0 \subset \mathfrak{N}_1 \subset \ldots \subset \mathfrak{N}_m = \mathfrak{N}$, $\mathfrak{K} = \mathfrak{N}'_0 \subset \mathfrak{N}'_1 \subset \ldots \subset \mathfrak{N}'_{m'} = \mathfrak{N}$ *ist stets* $m = m'$ *und es ist die Menge der Gradzahlen* $\mathfrak{N}_i : \mathfrak{N}_{i-1}$ *bis auf die Reihenfolge identisch mit der Menge der Gradzahlen* $\mathfrak{N}'_i : \mathfrak{N}'_{i-1}$ $(i = 1, \ldots, m)$.

Besitzt $\mathfrak{N}$ über $\mathfrak{K}$ eine Kr. $\mathfrak{K} = \mathfrak{N}_0 \subset \mathfrak{N}_1 = \mathfrak{N}$ mit der „Gliederzahl" $m = 1$, d. h. ist $\mathfrak{N}$ über $\mathfrak{K}$ einfach, so ist der Kr.-Satz trivial. Es genügt daher, die Behauptung für zwei Kr. mit $m' \geq m$ unter der Voraussetzung zu beweisen, daß sie in allen den Fällen richtig ist, in denen Kompositionsreihen mit Gliederzahlen $m'' < m$ auftreten. Ist nun $\mathfrak{N}_1 = \mathfrak{N}'_1$, so braucht man nur die Kr. $\mathfrak{K}'' = \mathfrak{N}_1 \subset \mathfrak{N}_2 \subset \ldots \subset \mathfrak{N}_m$ und $\mathfrak{K}'' = \mathfrak{N}_1 \subset \mathfrak{N}'_2 \subset \ldots \subset \mathfrak{N}'_{m'}$ von den Gliederzahlen $m - 1$, $m' - 1$ zu vergleichen. Ist aber $\mathfrak{N}_1 \neq \mathfrak{N}'_1$, so sei $\mathfrak{N}''_2 = \mathfrak{N}_1 \cdot \mathfrak{N}'_1$, und es sei $\mathfrak{N}''_2 \subset \mathfrak{N}''_3 \subset \ldots \subset \mathfrak{N}''_{m''} = \mathfrak{N}$ eine Kr. von $\mathfrak{N}$ über $\mathfrak{N}''_2$. Aus dem Satz des Schlußteils von § 34 folgt dann, daß sowohl $\mathfrak{K} = \mathfrak{N}_0 \subset \mathfrak{N}_1 \subset \mathfrak{N}''_2 \subset \ldots \subset \mathfrak{N}''_{m''} = \mathfrak{N}$ als auch $\mathfrak{K} = \mathfrak{N}_0 \subset \mathfrak{N}'_1 \subset \mathfrak{N}''_2 \subset \ldots \subset \mathfrak{N}''_{m''} = \mathfrak{N}$ Kr. von $\mathfrak{N}$ über $\mathfrak{K}$ sind, und daß die Gradgleichungen $\mathfrak{N}_1 : \mathfrak{K} = \mathfrak{N}''_2 : \mathfrak{N}'_1$, $\mathfrak{N}'_1 . \mathfrak{K} = \mathfrak{N}''_2 : \mathfrak{N}_1$ gelten. Die Richtigkeit der zu beweisenden Behauptungen ergibt sich nun leicht, wenn man zuerst die Kr. $\mathfrak{N}_1 \subset \mathfrak{N}_2 \subset \ldots \subset \mathfrak{N}_m = \mathfrak{N}$ und $\mathfrak{N}_1 \subset \mathfrak{N}''_2 \subset \ldots \subset \mathfrak{N}''_{m''} = \mathfrak{N}$ vergleicht, wobei man insbesondere $m'' = m$ erhält, und dann die Kr. $\mathfrak{N}'_1 \subset \mathfrak{N}''_2 \subset \ldots \subset \mathfrak{N}''_m = \mathfrak{N}$ und $\mathfrak{N}'_1 \subset \mathfrak{N}'_2 \subset \ldots \subset \mathfrak{N}'_{m'} = \mathfrak{N}$ betrachtet. — Aus dem Kr.-Satz folgt insbesondere: *Ist* $\mathfrak{N}$ *über* $\mathfrak{K}$ *metazyklisch, so ist es auch jeder über* $\mathfrak{K}$ *normale Unterkörper* $\mathfrak{N}'$ *von* $\mathfrak{N}$. (Man bilde eine Kr. von $\mathfrak{N}$ über $\mathfrak{K}$, in der $\mathfrak{N}'$ als Glied auftritt und beachte, daß bei dieser Kr. nach dem Kr.-Satz alle auftretenden Gradzahlen Primzahlen sein müssen).

b) Radikalkörper. Der Oberkörper $\mathfrak{L}$ von $\mathfrak{K}$ heißt Radikalkörper über $\mathfrak{K}$, wenn eine Darstellung $\mathfrak{L} = \mathfrak{K}(\alpha_1, \ldots, \alpha_n)$ existiert, bei der α_i jeweils über $\mathfrak{L}_{i-1} = \mathfrak{K}(\alpha_1, \ldots, \alpha_{i-1})$ Nullstelle eines nicht notwendig unzerlegbaren Binoms $x^{r_i} - A_{i-1}$

vom Primzahlgrade r_i ist ($\mathfrak{L}_0 = \mathfrak{K}$). Die Beschränkung auf Primzahlgrade r_i ist zweckmäßig und unbedenklich, weil die Lösung einer binomischen Gleichung beliebigen Grades stets auf die Lösung endlich vieler binomischer Gleichungen von Primzahlgrad zurückgeführt werden kann. Gibt es zu dem Radikalkörper $\mathfrak{L}$ eine normierte Darstellung $\mathfrak{L} = \mathfrak{K}(\alpha_1, \ldots, \alpha_n)$, bei der $\mathfrak{L}_{i-1}$ jeweils die r_i-ten Einheitswurzeln enthält, und $x^{r_i} - A_{i-1}$ über $\mathfrak{L}_{i-1}$ unzerlegbar ist, so möge $\mathfrak{L}$ „normierbarer Radikalkörper“ über $\mathfrak{K}$ heißen. — Der Begriff des Radikalkörpers ist von fundamentaler Bedeutung, weil die Frage, ob eine Gleichung $p(x) = 0$ mit Beiwerten aus einem gegebenen Körper $\mathfrak{K}$ durch Radikale lösbar ist, in algebraisch präziser Fassung so viel bedeutet wie: Gibt es einen Radikalkörper $\mathfrak{L}$ über $\mathfrak{K}$, der eine Nullstelle des Polynoms $p(x)$ enthält? Um in dieser Hinsicht ein brauchbares Kriterium zu finden, bemerken wir zunächst:

Hilfssatz 1. Es sei $p(x)$ aus $\mathfrak{K}[x]$ ein Polynom vom Primzahlgrade r, das entweder über $\mathfrak{K}$ unzerlegbar und zyklisch ist (Fall a) oder ein Binom darstellt (Fall b). α sei eine Nullstelle von $p(x)$, $\mathfrak{M}$ ein die primitive r-te Einheitswurzel ε_r enthaltender Oberkörper von $\mathfrak{K}$. Dann ist in beiden Fällen entweder $\mathfrak{M}(\alpha) = \mathfrak{M}$ oder es wird $\mathfrak{M}(\alpha) = \mathfrak{M}(\beta)$, wobei β eine Nullstelle eines über $\mathfrak{M}$ unzerlegbaren, zyklischen Binoms vom Grade r darstellt. Beweis Fall a) Ist $p(x)$ über $\mathfrak{M}$ unzerlegbar, so ist $p(x)$ über $\mathfrak{M}$ zyklisch, und die Behauptung folgt sofort aus § 28. Ist dagegen $p(x)$ über $\mathfrak{M}$ zerlegbar, so zerfällt $p(x)$ als Normalpolynom über $\mathfrak{K}$ nach § 34 über $\mathfrak{M}$ in lauter Faktoren gleichen Grades, die wegen des Primzahlgrades von $p(x)$ linear sein müssen. Man hat also $\mathfrak{M}(\alpha) : \mathfrak{M} = 1$, $\mathfrak{M}(\alpha) = \mathfrak{M}$. Fall b) Ist $\alpha_1 \neq \alpha$ eine beliebige zweite Nullstelle des Binoms $p(x) = x^r - A$, so ist wegen der Zugehörigkeit von ε_r zu $\mathfrak{M}$ sicher $\mathfrak{M}(\alpha_1) = \mathfrak{M}(\alpha)$, $\mathfrak{M}(\alpha_1) : \mathfrak{M} = \mathfrak{M}(\alpha) : \mathfrak{M}$. Daraus folgt wie bei a), daß $\mathfrak{M} = \mathfrak{M}(\alpha)$ sein muß, falls $p(x)$ über $\mathfrak{M}$ zerlegbar wird Ist aber $p(x)$ über $\mathfrak{M}$ unzerlegbar, so ist $p(x)$ wegen $\mathfrak{M}(\alpha) = \mathfrak{M}(\alpha_1)$ über $\mathfrak{M}$ zyklisch, und wir können einfach $\beta = \alpha$ setzen.

Hilfssatz 2. Es sei $\mathfrak{L} = \mathfrak{L}_m = \mathfrak{K}(\alpha_1, \ldots, \alpha_m)$ und es sei α_i über $\mathfrak{L}_{i-1} = \mathfrak{K}(\alpha_1, \ldots, \alpha_{i-1})$ jeweils Nullstelle eines Polynoms $p_i(x)$ vom Primzahlgrade r_i, wobei entweder $p_i(x)$ über $\mathfrak{L}_{i-1}$ unzerlegbar und zyklisch ist (Fall a) oder ein Binom darstellt (Fall b). $\mathfrak{M}$ sei ein die r_i-ten Einheitswurzeln ($i = 1, \ldots, m$) enthaltender Oberkörper von $\mathfrak{K}$. Dann ist $\mathfrak{M}(\alpha_1, \ldots, \alpha_m)$ ein normierbarer Radikalkörper über $\mathfrak{M}$. Der Beweis ergibt sich durch m-malige Anwendung von Hilfssatz 1, der unmittelbar zeigt, daß $\mathfrak{M}(\alpha_1, \ldots, \alpha_i)$ ein normierbarer Radikalkörper über $\mathfrak{M}$ sein muß, falls $\mathfrak{M}(\alpha_1, \ldots, \alpha_{i-1})$ ein solcher Körper ist.

Hilfssatz 3. Es seien $\pi_1, \pi_2, \ldots$ die nach wachsender Größe geordneten Primzahlen, ε_{π_i} sei eine primitive π_i-te Einheitswurzel. Dann ist bei beliebigem $\mathfrak{K}$ für jedes n stets $\mathfrak{K}(\varepsilon_{\pi_1}, \ldots, \varepsilon_{\pi_n}) = \mathfrak{K}_n$ ein normierbarer Radikalkörper über $\mathfrak{K}$. Es genügt offenbar zu zeigen, daß $\mathfrak{K}_n$ einen normierbaren Radikalkörper über $\mathfrak{K}$ darstellt, falls $\mathfrak{K}_{n-1}$ ein solcher Körper ist ($n \geqq 2$, da $\mathfrak{K}_1 = \mathfrak{K}(-1) = \mathfrak{K}$). Nach § 32 ist nun $\mathfrak{K}(\varepsilon_{\pi_n}) = \mathfrak{K}(\alpha_1, \ldots, \alpha_m)$, wobei α_i jeweils zyklisch über $\mathfrak{K}(\alpha_1, \ldots, \alpha_{i-1})$ von einem Primzahlgrade $r_i < \pi_n$. Die Richtigkeit von Hilfssatz 3 ergibt sich daher unmittelbar aus Hilfssatz 2, wenn wir in diesem nur $\mathfrak{K}_{n-1}$ an Stelle von $\mathfrak{M}$, $\mathfrak{K}_n = \mathfrak{K}_{n-1}(\alpha_1, \ldots, \alpha_m)$ an Stelle von $\mathfrak{M}(\alpha_1, \ldots, \alpha_m)$ setzen, und beachten, daß $\mathfrak{K}_{n-1}$ nach Definition für $i = 1, \ldots, m$ die r_i-te Einheitswurzel enthält.

Hilfssatz 4. Ist $\mathfrak{L}$ ein Radikalkörper über $\mathfrak{K}$, so ist es auch der kleinste $\mathfrak{L}$ umfassende, über $\mathfrak{K}$ normale Körper $\mathfrak{N}$. Zum Beweise braucht man angesichts der schrittweisen Erzeugung der Radikalkörper aus dem Grundkörper nur zu zeigen. Es sei $\mathfrak{N}$ ein über $\mathfrak{K}$ normaler Radikalkörper (eventuell $\mathfrak{N} = \mathfrak{K}$), α sei eine Nullstelle eines Binoms $x^r - A$ aus $\mathfrak{N}[x]$ vom

Primzahlgrade r. Dann ist der kleinste, $\mathfrak{R}(\alpha)$ umfassende uber $\mathfrak{K}$ normale Korper $\mathfrak{M}$ ein Radikalkorper uber $\mathfrak{R}(\alpha)$. Es sei nun $p(x)$ das uber $\mathfrak{K}$ unzerlegbare Polynom mit der Nullstelle A. Dann liegen wegen der Normalitat von $\mathfrak{R}$ die samtlichen Nullstellen $A = A_1, A_2, \ldots$ von $p(x)$ in $\mathfrak{R}$. Andererseits ist α ersichtlich uber $\mathfrak{K}$ Nullstelle von $p(x^r) = \prod_{k=1}^{t} (x^r - A_k)$ und es entsteht dementsprechend $\mathfrak{M}$ aus $\mathfrak{R}(\alpha)$ durch Hinzunahme geeigneter Nullstellen der Binome $x^r - A_k$ $(k = 1, \ldots, t)$. Fertig! Hilfssatz 4 gestattet es uns, die Betrachtung im wesentlichen auf uber dem Grundkorper normale Radikalkörper zu beschranken. Auf Grund der Hilfssatze 1—3 erhalten wir dann rasch das

Fundamentaltheorem: *Jeder uber $\mathfrak{K}$ normale Radikalkorper ist uber $\mathfrak{K}$ metazyklisch. Umgekehrt ist jeder uber $\mathfrak{K}$ metazyklische Normalkorper Unterkörper eines uber $\mathfrak{K}$ normalen Radikalkorpers.*

Beweis: a) Jeder uber $\mathfrak{K}$ normale, normierbare Radikaloberkorper von $\mathfrak{K}$ ist uber $\mathfrak{K}$ metazyklisch, weil $\mathfrak{L}(\alpha)$ uber $\mathfrak{L}$ zyklisch ist, falls α eine Nullstelle eines uber $\mathfrak{L}$ unzerlegbaren Binoms $x^r - A$ von Primzahlgrad r darstellt und $\mathfrak{L}$ die r-ten Einheitswurzeln enthalt. b) Es sei $\mathfrak{R} = \mathfrak{K}(\alpha_1, \ldots, \alpha_m)$ ein beliebiger normaler Radikaloberkorper von $\mathfrak{K}$, r_i sei der Primzahlgrad des Binoms $x^{r_i} - A_{i-1}$, dessen Nullstelle α_i uber $\mathfrak{K}(\alpha_1, \ldots, \alpha_{i-1})$ ist. Ferner sei n so groß gewahlt, daß die Primzahlen $r_1, \ldots, r_m$ alle der Reihe $\pi_1, \ldots, \pi_n$ angehoren. Dann ist einerseits $\mathfrak{K}(\varepsilon_{\pi_1}, \ldots, \varepsilon_{\pi_n}, \alpha_1, \ldots, \alpha_m) = \mathfrak{R}^*$ als Vereinigungskorper der Normalkorper $\mathfrak{K}(\varepsilon_{\pi_1}, \ldots, \varepsilon_{\pi_n})$ und $\mathfrak{K}(\alpha_1, \ldots, \alpha_m)$ uber $\mathfrak{K}$ normal, und es stellt andererseits $\mathfrak{R}^*$ nach Hilfssatz 2 und 3 einen normierbaren Radikaloberkorper von $\mathfrak{K}$ dar. Nach a) ist ferner $\mathfrak{R}^*$ uber $\mathfrak{K}$ metazyklisch und daraus folgt nach dem Korollar zum Kr-Satz weiter, daß auch $\mathfrak{R}$ uber $\mathfrak{K}$ metazyklisch sein muß. c) Die Existenz eines normierbaren, über $\mathfrak{K}$ normalen Körpers $\mathfrak{N}^*$, der den über $\mathfrak{K}$ metazyklischen Körper $\mathfrak{N} = \mathfrak{K}(\alpha_1, \ldots, \alpha_m)$ als Unterkörper enthält, wird genau so bewiesen, wie die Existenz von $\mathfrak{N}^*$ in b) mit dem einzigen Unterschied, daß an Stelle des Binoms $x^{r_i} - A_{i-1}$ ein über $\mathfrak{K}(\alpha_1, \ldots, \alpha_{i-1})$ unzerlegbares, zyklisches Binom vom Primzahlgrade r_i tritt.

§ 36. Der Abelsche Unmöglichkeitssatz. Allgemeine Gleichung

Es sei K ein beliebiger Körper, $u_1, \ldots, u_n$ seien Unbestimmte über K. Die zugehörigen symmetrischen Grundfunktionen, die gleichfalls Unbestimmte über K darstellen, seien $a_1, \ldots, a_n$. Ferner bedeute $\mathfrak{K} = K(a_1, \ldots, a_n)$ bzw. $\mathfrak{N} = K(u_1, \ldots, u_n)$ den Körper der Quotienten aller Polynome in $a_1, \ldots, a_n$ bzw. $u_1, \ldots, u_n$ über K. Nach § 6 besteht dann $\mathfrak{K}$ aus allen und nur den Polynomquotienten $\dfrac{p(u_1, \ldots, u_n)}{q(u_1, \ldots, u_n)}$, bei denen Zähler und Nenner in den u_i symmetrisch sind. Wir zeigen nun zunächst $\mathfrak{N}$ *ist ein algebraischer Normalkörper über* $\mathfrak{K}$ *vom Grade* $\mathfrak{N} : \mathfrak{K} = n!$ Daß $\mathfrak{N}$ einen Normalkörper über $\mathfrak{K}$ darstellt, folgt sofort aus der Gleichung $\mathfrak{N} = K(u_1, \ldots, u_n) = \mathfrak{K}(u_1, \ldots, u_n)$ und der Tatsache, daß die u_i gerade die sämtlichen Nullstellen des Polynoms $p(x) = x^n - a_1 x^{n-1} + \ldots \pm a_n$ aus $\mathfrak{K}[x]$ darstellen. Ferner ist $p(x)$ über $\mathfrak{K}$ unzerlegbar, weil kein echter, normierter Teiler von $p(x)$ ausschließlich in den u_i symmetrische Beiwerte besitzt. Wir haben also jedenfalls $\mathfrak{K}(u_n) : \mathfrak{K} = n$. Verstehen wir weiter unter $a_1', \ldots, a_{n-1}'$ die symmetrischen Grundfunktionen in $u_1, \ldots, u_{n-1}$, und setzen wir $K_1 = K(u_n)$, so wird, wie sofort nachzurechnen, $\mathfrak{K}_1 = \mathfrak{K}(u_n) = \mathfrak{K}(a_1', \ldots, a_{n-1}')$, $\mathfrak{N} = K_1(u_1, \ldots, u_{n-1})$. Es steht also $\mathfrak{N}$ zu $\mathfrak{K}_1$ im gleichen Verhältnis wie zu $\mathfrak{K}$, nur daß die Anzahl der zu berücksichtigenden Unbestimmten $n-1$ statt n beträgt. Nach den Grundsätzen des Induktionsschlusses dürfen wir nun die (für $n-1 = 1$, $a_1' = u_1$ triviale) Gradgleichung $\mathfrak{N} : \mathfrak{K}_1 = (n-1)!$ als bewiesen annehmen

Daraus folgt aber sofort $\mathfrak{N} : \mathfrak{K} = (\mathfrak{N} : \mathfrak{K}_1) \cdot (\mathfrak{K}_1 : \mathfrak{K}) = (n-1)! \cdot n = n!$.

Die Gleichung $x^n - a_1 x^{n-1} + \dots \pm a_n = 0$, der die Unbestimmten u_i über dem durch ihre symmetrischen Grundfunktionen erzeugten Körper $\mathfrak{K}$ genügen, ist eine „allgemeine“ Gleichung n-ten Grades im strengen, in der höheren Algebra gebräuchlichen Sinne.[1]) $\mathfrak{N}$ bzw. $\mathfrak{K}$ möge als ihr zugehöriger Normal- bzw. Grundkörper bezeichnet werden. Es gilt dann der folgende

Struktursatz: *Für $n \geqq 5$ enthält der zur allgemeinen Gleichung $p(x) = x^n - a_1 x^{n-1} + \dots \pm a_n$ gehörige Normalkörper $\mathfrak{N}$ nur einen einzigen echten über dem zugehörigen Grundkörper $\mathfrak{K}$ normalen Unterkörper $\mathfrak{K}_2$, und zwar entsteht $\mathfrak{K}_2$ aus $\mathfrak{K}$ durch Hinzunahme einer Nullstelle des Polynoms $x^2 - d$, falls d die Diskriminante von $p(x)$ im Sinne von § 10 bedeutet. Es ist also $\mathfrak{K}_2 : \mathfrak{K} = 2$. Über $\mathfrak{K}_2$ ist der Normalkörper $\mathfrak{N}$ einfach.*

Der Struktursatz zeigt, daß für $n \geq 5$ der Normalkörper $\mathfrak{N}$ über $\mathfrak{K}$ nicht metazyklisch ist, und nach dem Fundamentaltheorem von § 35 folgt daraus der berühmte, zuerst von Abel für $n = 5$ bewiesene

Unmöglichkeitssatz: *Für $n \geq 5$ ist der zu einer allgemeinen Gleichung n-ten Grades gehörige Normalkörper $\mathfrak{N}$ nicht in einen Radikaloberkörper des zugehörigen Grundkörpers $\mathfrak{K}$ einbettbar.* Oder kurz und einprägsam: Für $n \geq 5$ ist die allgemeine Gleichung n-ten Grades nicht durch Radikale lösbar.

Einen vollen Beweis des Struktursatzes können wir hier aus Platzmangel nicht geben. Indessen können und wollen wir wenigstens zeigen, daß zwischen $\mathfrak{N}$ und $\mathfrak{K}$ nur endlich

[1]) Hingegen ist eine Gleichung $x^n - c_1 x^{n-1} + \dots \pm c_n = 0$ mit nicht näher festgelegten rationalen Beiwerten c_i keine allgemeine Gleichung in unserm Sinne. Die (an sich richtige) Tatsache, daß es für $n \geqq 5$ ganzzahlige Gleichungen $x^n - c_1 x^{n-1} + \dots \pm c_n = 0$ gibt, die über $\mathfrak{K}_0$ nicht durch Radikale lösbar sind, folgt daher nicht unmittelbar aus dem weiter unten besprochenen Unmöglichkeitssatz.

viele Zwischenkorper existieren, zu denen sich erzeugende Elemente finden lassen; daß von zwei Elementen aus $\mathfrak{N}$ stets entschieden werden kann, ob sie denselben Oberkorper von $\mathfrak{K}$ erzeugen oder nicht, daß es stets moglich ist festzustellen, ob ein gegebener Unterkorper $\mathfrak{M}$ von $\mathfrak{N}$ uber $\mathfrak{K}$ oder auch uber einem bestimmten zwischen $\mathfrak{K}$ und $\mathfrak{M}$ liegenden Korper $\mathfrak{L}$ normal ist. Damit wissen wir dann wenigstens, daß man fur jedes einzelne n imstande ist, die Richtigkeit des Struktursatzes durch eine (moglicherweise sehr umstandliche, aber jedenfalls endliche) Rechnung zu verifizieren Es ist also ein Abschluß erreicht, der immerhin als befriedigend angesehen werden darf. Im ubrigen sind die folgenden Betrachtungen als Vorbereitung fur den Ausblick auf die allgemeine Galoissche Theorie von § 37 wichtig. Wir zeigen zunachst: *Die Galoissche Gruppe des Polynoms $p(x)$ uber dem Korper $\mathfrak{K}$ ist die Gruppe Σ aller Vertauschungen der Nullstellen $u_1, \ldots, u_n$.* Es sei $P(u_i) = 0$ eine „richtige Gleichung", der die u_i uber $\mathfrak{K}$ genugen. Dann kann man (nach eventueller Wegmultiplikation eines zu $\mathfrak{K}$ gehorigen, von 0 verschiedenen Nenners) $P(u_i)$ als Polynom in den a_k und den u_i uber K darstellen: $P(u_i) = R(a_k, u_i)$, und es muß, da die u_i uber K Unbestimmte sind, $R(a_k, u_i)$ identisch verschwinden, wenn man die a_k ihrer Definition entsprechend durch die u_i ausdruckt. $R(a_k(u_i), u_i) \equiv 0$ Vertauschen wir jetzt die u_i, wobei etwa u_{l_i} an Stelle von u_i tritt, so bedeutet das nur eine Umbenennung von Unbestimmten, und es muß daher auch $R(a_k(u_{l_i}), u_{l_i}) \equiv 0$ sein. Daraus folgt weiter wegen der Symmetrie der a_k in den u_i uber $\mathfrak{K}$ die richtige Gleichung $R(a_k, u_{l_i}) = 0$, d. h. jede Vertauschung der u_i fuhrt jede richtige Gleichung uber $\mathfrak{K}$ wieder in eine solche uber. — Wir beweisen jetzt genau wie im Falle der Kreisteilungskorper den

Zuordnungssatz *Die Unterkorper zwischen $\mathfrak{N}$ und $\mathfrak{K}$ entsprechen umkehrbar eindeutig den Untergruppen Γ und Σ,* *und zwar besteht der der Gruppe Γ zugeordnete Korper $\mathfrak{L}$ aus allen und nur den Elementen $p(u)$ von $\mathfrak{N}$, die zu Γ gehören, also der Gleichung $p(u)\cdot\mathfrak{V} = p(u)$ fur jedes $\mathfrak{V}$ aus Γ genugen.*

a) Zu jeder Untergruppe Γ von Σ gibt es ein zugehöriges Element $p(u)$, das genau zu Γ gehort, bei dem also $p(u) \neq p(u)\cdot\mathfrak{V}$ wird fur jedes nicht in Γ liegende $\mathfrak{V}$. Es sei namlich $l(u) = \sum\limits_{i=1}^{n} \alpha_i u_i$ eine Linearform in den u_i mit paarweise verschiedenen Beiwerten α_i aus K, so daß stets $l(u)\cdot\mathfrak{V} \neq l(u)\cdot\mathfrak{W}$ wird fur zwei verschiedene Vertauschungen $\mathfrak{V}, \mathfrak{W}$ aus Σ. Sind nun $\mathfrak{V}_0, \mathfrak{V}_1, \ldots, \mathfrak{V}_{s-1}$ die samtlichen Elemente aus Γ, wobei $\mathfrak{V}_0$ insbesondere die durch die Zuordnung $u_i \to u_i$ charakterisierte Einheitsvertauschung bedeutet, so gehort das mit einer neuen Unbestimmten x gebildete Polynom $P(x, u) = \prod\limits_{k=0}^{s-1} (x - l(u)\cdot\mathfrak{V}_k)$ genau zu Γ. Denn einerseits enthalt, falls $\mathfrak{V}$ in Γ, das Polynom $\prod\limits_{k=0}^{s-1} [x - l(u)\cdot(\mathfrak{V}_k\cdot\mathfrak{V})] = P(x, u)\cdot\mathfrak{V}$ bis auf die Reihenfolge genau dieselben Linearfaktoren wie $P(x, u)$. (Man beachte, daß wegen der Gruppeneigenschaft von Γ die Elemente $\mathfrak{V}_k\cdot\mathfrak{V}$ bis auf die Reihenfolge mit den Elementen $\mathfrak{V}_k$ ubereinstimmen.) Andererseits enthalt, falls $\mathfrak{W}$ nicht in Γ, sicher $P(x, u)\cdot\mathfrak{W}$ den nicht in $P(x, u)$ auftretenden Linearfaktor $x - l(u)\cdot(\mathfrak{V}_0\cdot\mathfrak{W}) = x - l(u)\cdot\mathfrak{W}$. Aus $P(x, u)$ gewinnt man nun ein genau zu Γ gehoriges Element $p(u) = P(\gamma, u)$ aus $\mathfrak{N}$, indem man die Unbestimmte x durch ein geeignetes γ aus K ersetzt. (Beweis auf Grund des Nichtnullstellensatzes von § 11 analog wie beim Satz von Abel in § 34.) — b) Es sei $\mathfrak{L}$ irgend ein Zwischenkorper zwischen $\mathfrak{N}$ und $\mathfrak{K}$, $p(u)$ sei nach Abel so gewahlt, daß $\mathfrak{L} = \mathfrak{K}(p(u))$ wird, und es gehore $p(u)$ genau zu Γ, es sei also Γ die Gruppe a l l e r der $\mathfrak{V}$, fur die $p(u)\cdot\mathfrak{V} = p(u)$

wird. Dann besteht sicher $\mathfrak{L}$ ausschließlich aus zu Γ gehörigen Elementen, und der volle Zuordnungssatz wird angesichts des unter a) gewonnenen Resultats bewiesen sein, wenn wir zeigen können, daß $\mathfrak{L}$ jedes zu Γ gehörige Element $q(u)$ enthalten muß. — c) Zum Beweis der Behauptung von b) bezeichnen wir für festes $\mathfrak{W}$ aus Σ mit $\Gamma \cdot \mathfrak{W}$ den Komplex aller $\mathfrak{V} \cdot \mathfrak{W}$ ($\mathfrak{V}$ in Γ), der ersichtlich genau so viel verschiedene Elemente enthält wie Γ. Wegen $p(u) \cdot (\mathfrak{V} \cdot \mathfrak{W}) = (p(u) \cdot \mathfrak{V}) \cdot \mathfrak{W}$ führen alle Vertauschungen aus $\Gamma \cdot \mathfrak{W}$ das Element $p(u)$ bzw. $q(u)$ in das gleiche Element $\tilde{p}(u)$ bzw. $\tilde{q}(u)$ über, so daß die Schreibweise $p(u) \cdot (\Gamma \cdot \mathfrak{W})$ bzw. $q(u) \cdot (\Gamma \cdot \mathfrak{W})$ sinnvoll ist. Ist ferner $p(u) \cdot \mathfrak{W} = p(u) \cdot \mathfrak{W}_1$, und bedeutet $\mathfrak{W}_1^{-1}$ die Vertauschung, die $\mathfrak{W}_1$ rückgängig macht, $\mathfrak{W}_1^{-1} \cdot \mathfrak{W}_1 = \mathfrak{W}_1 \cdot \mathfrak{W}_1^{-1} = \mathfrak{V}_0$, so haben wir $p(u) \cdot (\mathfrak{W} \cdot \mathfrak{W}_1^{-1}) = p(u) \cdot (\mathfrak{W}_1 \cdot \mathfrak{W}_1^{-1}) = p(u)$. Wegen der genauen Zugehörigkeit von $p(u)$ zu Γ liegt also $\mathfrak{W} \cdot \mathfrak{W}_1^{-1}$ in Γ und $\mathfrak{W} = \mathfrak{W} \cdot (\mathfrak{W}_1^{-1} \cdot \mathfrak{W}_1) = (\mathfrak{W} \cdot \mathfrak{W}_1^{-1}) \cdot \mathfrak{W}_1$ in $\Gamma \cdot \mathfrak{W}_1$; ebenso muß $\mathfrak{W}_1$ zu $\Gamma \cdot \mathfrak{W}$ gehören. Aus dieser letzten Bemerkung folgt leicht: Die Gruppe Σ zerfällt in endlich viele, paarweise elementfremde Komplexe $\Gamma \cdot \mathfrak{W}_0, \Gamma \cdot \mathfrak{W}_1, \ldots, \Gamma \cdot \mathfrak{W}_{t-1}$ ($\mathfrak{W}_0 = \mathfrak{V}_0$) derart, daß $p_\iota(u) = p(u) \cdot (\Gamma \cdot \mathfrak{W}_\iota)$ ($\iota = 0, \ldots, t-1$) gerade die sämtlichen Elemente sind, die aus $p(u)$ durch Anwendung der Vertauschungen aus Σ entstehen.[1]) Multipliziert man alle $\Gamma \cdot \mathfrak{W}_\iota$ rechts mit einem festen $\mathfrak{V}$, so vertauschen sich diese Komplexe nur untereinander. Wir bilden nun mit einer Unbestimmten w:

$$F(w,u) = \prod_{\iota=0}^{t-1} [w - p(u) \cdot (\Gamma \cdot \mathfrak{W}_\iota)]$$

$$G(w,u) = F(w,u) \cdot \sum_{\iota=0}^{t-1} [q(u) \cdot (\Gamma \cdot \mathfrak{W}_\iota)] \cdot [w - p(u) \cdot (\Gamma \cdot \mathfrak{W}_\iota)]^{-1}.$$

Da sich die Bestandteile von $F(w,u)$ und $G(w,u)$ bei Anwendung einer Vertauschung $\mathfrak{V}$ aus Σ nur unterein-

[1]) Gehört $q(u)$ zwar zu Γ, aber nicht genau zu Γ, so gibt es mindestens zwei verschiedene Komplexe $\Gamma \cdot \mathfrak{W}_1$, $\Gamma \cdot \mathfrak{W}_2$ derart, daß $q(u) \cdot (\Gamma \cdot \mathfrak{W}_1) = q(u) \cdot (\Gamma \cdot \mathfrak{W}_2)$

ander vertauschen, haben wir $F(w, u) \cdot \mathfrak{V} = F(w, u)$, $G(w,u) = G(w, u) \cdot \mathfrak{V}$ für jedes $\mathfrak{V}$, d. h. $F(w, u) = F_1(w)$ und $G(w, u) = G_1(w)$ sind Polynome aus $\mathfrak{K}[w]$. Setzen wir weiter $w = p(u)$, so erhalten wir wie beim Abelschen Satz in § 34.

$$G_1(p(u)) = F'_1(p(u)) \cdot q(u),\ q(u) = G_1(p(u)) \cdot F'_1(p(u))^{-1},$$

womit die Zugehörigkeit von $q(u)$ zu $\mathfrak{K}(p(u))$ gesichert und die letzte Beweislücke geschlossen ist. Da die sämtlichen Untergruppen von Σ durch Probieren gefunden werden können, da sich zu jeder Gruppe ein genau zugehöriges $p(u)$ berechnen läßt, und da schließlich sofort nachgeprüft werden kann, welche Vertauschungen ein gegebenes $p(u)$ in sich überführen, sind wir auf Grund des Zuordnungssatzes bereits imstande, sämtliche verschiedene Unterkörper von $\mathfrak{N}$ mit endlich vielen Rechenoperationen zu bestimmen.

Es seien jetzt $\mathfrak{M}$ und $\mathfrak{L} \subset \mathfrak{M}$ zwei Körper zwischen $\mathfrak{K}$ und $\mathfrak{N}$ mit den zugehörigen Gruppen Γ bzw. Δ; $p(u) = p_0(u)$ sei ein erzeugendes Element von $\mathfrak{M}$ über $\mathfrak{L}$, $\mathfrak{M} = \mathfrak{L}(p(u))$. Wie mühelos zu sehen, ist dann Γ gerade die Gruppe aller der $\mathfrak{V}$ aus Δ, die $p(u)$ ungeändert lassen, und wir können, wie Σ oben unter b), so jetzt Δ derart in endlich viele, paarweise elementfremde Komplexe $\Gamma \cdot \mathfrak{W}_0, \Gamma \cdot \mathfrak{W}_1, \ldots, \Gamma \cdot \mathfrak{W}_{t-1}$ zerlegen, daß $p_\iota(u) = p(u) \cdot (\Gamma \cdot \mathfrak{W}_\iota)$ $(\iota = 0, \ldots, t-1)$ gerade die sämtlichen verschiedenen Elemente sind, die aus $p(u)$ durch Anwendung der Vertauschungen aus Δ hervorgehen. Wir behaupten nun: Die $p_\iota(u)$ sind identisch mit den „Konjugierten von $p(u)$ über $\mathfrak{L}$", d. h. mit den Nullstellen des über $\mathfrak{L}$ unzerlegbaren, für $x = p(u)$ verschwindenden Polynoms $P(x, u)$. — In der Tat, setzen wir $\prod_{\iota=0}^{t-1} [x - p(u) \cdot (\Gamma \cdot \mathfrak{W}_\iota)] = P(x, u)$, so wird $P(x, u) \cdot \mathfrak{V} = P(x, u)$ für jedes $\mathfrak{V}$ aus Δ, weil sich die Komplexe $\Gamma \cdot \mathfrak{W}_\iota$ bei Rechtsmultiplikation mit $\mathfrak{V}$ nur untereinander vertauschen. Es liegt also $P(x, u)$ in $\mathfrak{L}[x]$ Andererseits kann kein echter Teiler von $P(x, u)$ zur

Gruppe $\varDelta$ gehören, weil die durchweg verschiedenen Linearfaktoren von $P(x, u)$ alle aus dem einen Faktor $x - p(u)$ durch Anwendung der Vertauschungen $\mathfrak{W}_\iota$ aus $\varDelta$ hervorgehen. — Fragen wir jetzt, wann $\mathfrak{M}$ über $\mathfrak{L}$ einen Normalkörper darstellt, so erhalten wir sofort die Antwort: Dann und nur dann, wenn die „über $\mathfrak{L}$ konjugierten Körper" $\mathfrak{M}_\iota = \mathfrak{L}(p_\iota(u))$ $(\iota = 0, \ldots, t-1;\ \mathfrak{M}_0 = \mathfrak{M})$ alle zusammenfallen, d. h. wenn ihre zugeordneten Gruppen $\Gamma_0 = \Gamma, \Gamma_1, \ldots, \Gamma_{t-1}$ identisch sind. Γ_ι ist aber (für $\iota \geqq 1$ ebenso wie für $\iota = 0$) einfach die Gruppe aller der $\mathfrak{V}$ aus $\varDelta$, die der Gleichung $p_\iota(u) \cdot \mathfrak{V} = p_\iota(u)$ genügen und damit ohne weiteres bestimmbar. (Man überlegt sich sogar ohne Schwierigkeit: Bedeutet $\mathfrak{W}_\iota^{-1}$ wie oben diejenige Vertauschung, die $\mathfrak{W}_\iota$ rückgängig macht, so besteht $\Gamma_\iota = \mathfrak{W}_\iota^{-1} \cdot \Gamma \cdot \mathfrak{W}_\iota$ einfach aus allen Vertauschungen $\mathfrak{W}_\iota^{-1} \cdot \mathfrak{V} \cdot \mathfrak{W}_\iota$ ($\mathfrak{V}$ in Γ). Die Gruppen Γ_ι lassen sich also ohne explizite Berechnung der $p_\iota(u)$ unmittelbar aus Γ ableiten.) Damit ist auch das Normalkörperproblem, das wir uns gestellt hatten, gelöst, und wir dürfen sagen, daß gruppentheoretische Methoden uns in Stand setzen, den Aufbau des zur allgemeinen Gleichung n-ten Grades gehörigen Normalkörpers über seinem Grundkörper rechnerisch völlig zu beherrschen.

§ 37. Ausblick auf die allgemeine Galoissche Theorie.

Die im Spezialfall der Kreisteilungsgleichung und der allgemeinen Gleichung n-ten Grades gewonnenen körpertheoretischen Ergebnisse (insbesondere der Zuordnungssatz für Körper und Gruppen, sowie die Bemerkungen am Schlusse von § 36 über konjugierte Elemente, konjugierte Gruppen, Normalkörper) können auf den Fall eines beliebigen Normalkörpers $\mathfrak{N}$ über einem beliebigen Grundkörper $\mathfrak{K}$ übertragen werden, wobei nur die eine (bei Charakteristik 0 triviale) Bedingung erfüllt sein muß, daß $\mathfrak{N} = \mathfrak{K}(\alpha_1, \ldots, \alpha_n)$ ist, wobei $\prod_{\iota=1}^{n}(x-\alpha_\iota)$ ein Polynom aus $\mathfrak{K}[x]$ mit lauter verschiedenen Nullstellen bedeutet. Man erhält so die Hauptsätze der allgemeinen Galoisschen Theorie. Die Beweise erfordern etwas mehr Grundbegriffe aus der Gruppentheorie als die, mit denen wir im Text auskamen, verlaufen aber ähnlich wie in unseren Spezialfällen und sind kaum schwieriger. Nur ein Punkt verdient Hervorhebung. In unseren Beispielen war zu dem zu untersuchenden Normalkörper $\mathfrak{N}$ ein erzeugendes Polynom (Kreisteilungspolynom, allgemeines Polynom n-ten Grades) von besonders einfacher Struktur gegeben. Es war daher plausibel, daß wir die Galoissche Gruppe mit Hilfe der Nullstellen dieses Polynoms definierten. Im allgemeinen aber wird unter den unendlich vielen Polynomen, deren Nullstellen zum Aufbau von $\mathfrak{N}$ aus $\mathfrak{K}$ benutzt werden können, kein einzelnes eine derartige Sonderstellung einnehmen. Hier scheint es nun angebracht, die Galoissche Gruppe, die ja im wesentlichen zur Herleitung von körpertheoretischen Aussagen benutzt wird, allein mit Hilfe des Körperpaares $\mathfrak{K}$, $\mathfrak{N}$ einzuführen. Dazu hilft der Isomorphiebegriff von § 24. Betrachten wir nämlich die Automorphismen $\mathfrak{N} \longleftrightarrow \mathfrak{N}\,(\mathfrak{K})$, also alle die isomorphen Abbildungen von $\mathfrak{N}$ auf sich selbst, die alle Elemente von $\mathfrak{K}$ in Ruhe lassen, bedeutet $p(x) = \prod_{\iota=1}^{n}(x-\alpha_\iota)$ ein beliebiges Polynom aus $\mathfrak{K}[x]$, für das $\mathfrak{N} = \mathfrak{K}(\alpha_1, \ldots, \alpha_n)$ wird, und nennen wir eine Vertauschung $\mathfrak{V}$ der α_ι kurz „zulässig“, wenn sie jede richtige Gleichung über $\mathfrak{K}$ in eine richtige überführt, so überlegt man sich mühelos. Jeder Automorphismus $\mathfrak{N} \longleftrightarrow \mathfrak{N}\,(\mathfrak{K})$ erzeugt unter den α_ι (die ja eine endliche Untermenge von $\mathfrak{N}$ bilden), eine zulässige Vertauschung. Ist umgekehrt $\alpha_\iota \to \alpha_{l_\iota}$ $(\iota = 1, \ldots, n)$ eine zulässige Vertauschung der α_ι und stellt man jedes Element γ aus $\mathfrak{N}$ als Polynom über $\mathfrak{K}$ in den α_ι dar, $\gamma = q(\alpha_1, \ldots, \alpha_n)$, so definiert die Zuordnung $\gamma = q(\alpha_1, \ldots, \alpha_n) \to q(\alpha_{l_1}, \ldots, \alpha_{l_n})$ einen Automorphismus $\mathfrak{N} \longleftrightarrow \mathfrak{N}\,(\mathfrak{K})$. Die Automorphismen $\mathfrak{N} \longleftrightarrow \mathfrak{N}\,(\mathfrak{K})$ entsprechen also umkehrbar eindeutig den zulassigen Vertauschungen der α_i, und auch die Hintereinanderausfuhrung zweier Automorphismen lauft genau der Hintereinanderausfuhrung der zugeordneten Vertauschungen parallel. (Man beachte, daß auch jeder Automorphismus $\mathfrak{N} \longleftrightarrow \mathfrak{N}\,(\mathfrak{K})$ letzten Endes eine Vertauschung ist, nur daß diese sich nicht bloß auf die endlich vielen α_i, sondern auf alle Elemente von $\mathfrak{N}$ bezieht.) Es ist unter diesen Umstanden ohne weiteres moglich, als Galoissche Gruppe von $\mathfrak{N}$ uber $\mathfrak{K}$ nicht die Gruppe $\mathfrak{G}_\alpha$ der zulassigen Vertauschungen der α_i, sondern die allein von $\mathfrak{N}$ (und $\mathfrak{K}$) abhangige Gruppe $\mathfrak{G}_{\mathfrak{N}}$ der Automorphismen von $\mathfrak{N}$ uber $\mathfrak{K}$ zu wahlen. Die Ableitung der Hauptsatze der allgemeinen Galoisschen Theorie gewinnt dadurch außerordentlich an Durchsichtigkeit. — Die unendlich vielen, den verschiedenen erzeugenden Polynomen $p(x)$ entsprechenden Gruppen $\mathfrak{G}_\alpha$ werden im ubrigen damit nicht vollig bedeutungslos, jede einzelne von ihnen liefert, in der Ausdrucksweise der hoheren Algebra, eine spezielle konkrete „Darstellung" der allgemeinen abstrakten Gruppe $\mathfrak{G}_{\mathfrak{N}}$, und es ist ein wichtiges Problem, uber alle diese Darstellungen einen Überblick zu gewinnen, ein Problem, das naturgemaß wesentlich uber den Rahmen unseres Buches hinausfuhrt.

Zum Schlusse moge noch kurz skizziert werden, wie weit sich unsere fur den Fall der Charakteristik 0 abgeleiteten Satze auf Korper von einer Primzahlcharakteristik p ubertragen lassen (vgl. § 8). Zunachst gelten die Satze von § 23—25, sowie die der ersten Halfte von § 34 ohne weiteres fur alle Charakteristiken. Bei dem Abelschen Satz von § 34 ist wortliche Übertragung des Beweises moglich, wenn man weiß, daß $\mathfrak{K}$ unendlich viele Elemente enthalt, und daß jedes α_i uber $\mathfrak{K}$ einer Gleichung $p(x) = 0$ mit lauter einfachen Nullstellen genugt. Anstelle der Kreisteilungstheorie tritt bei Charakteristik p die Theorie der endlichen (also nur aus endlich vielen Elementen bestehenden) Oberkorper $\mathfrak{E}_p$ des Korpers $\bar{\mathfrak{K}}_p$ von § 8, denn man sieht leicht, daß $\bar{a}$ dann und nur dann einem $\mathfrak{E}_p$ angehört, wenn $\bar{a}$ über $\bar{\mathfrak{K}}_p$ einer Gleichung $\bar{a}^n = \bar{1}$ genügt. Es ergibt sich, daß jeder $\bar{\mathfrak{E}}_p$ über $\bar{\mathfrak{K}}_p$ normal und zyklisch und durch seinen Grad $\bar{\mathfrak{E}}_p : \bar{\mathfrak{K}}_p$ eindeutig bestimmt ist. Auf Grund der Sätze über die $\bar{\mathfrak{E}}_p$ kann die Theorie der metazyklischen und der Radikalkörper bei Charakteristik p im wesentlichen genau so entwickelt werden wie in § 28, 29, 35, sofern man sich auf Normalkörper beschränkt, die über ihrem Grundkörper einen zu p teilerfremden Grad besitzen. Zur Behandlung beliebiger metazyklischer Normalkörper dagegen braucht man, (weil $\bar{1}$ die einzige Lösung der Gleichung $x^{p^f} = 1$ ist), bei Charakteristik p eine eigene Theorie der zyklischen Körper p^f-ten Grades, die über den Gesichtskreis dieses Buches wesentlich hinausführt

§ 38. Geschichtliche Bemerkungen.

Die in Abschnitt IV—VI geschilderte Entwicklung der modernen Gleichungstheorie ist, wenn wir von Euler absehen, dessen Bedeutung bereits in § 22 gewürdigt wurde, hauptsächlich mit vier Namen verknüpft. Der erste in der Reihe ist der Franzose Joseph Louis Lagrange (geb. 1736 in Turin, gest. 1813 in Paris), einer der größten französischen Wissenschaftler und der würdige Nachfolger Eulers in der Reihe der führenden europäischen Mathematiker. Ihm folgt in der nächsten Generation der Deutsche Carl Friedrich Gauß (geb. 1777 in Braunschweig, gest. 1855 in Göttingen), der „princeps mathematicorum“. Um beinahe ein Menschenalter jünger als Gauß ist der in der Blüte der Jahre von der Schwindsucht dahingeraffte Niels Henrik Abel (geb. 1802 in Findoe, gest. 1829 bei Arendal), der Stolz Norwegens. Am Ende der Reihe steht der mit einundzwanzig Jahren im Duell gefallene Evariste Galois (geb. 1811 in Paris, gest. 1832 in Paris), ein frühreifes Genie, dessen Gedanken erst Jahrzehnte nach seinem Tode von der Nachwelt richtig verstanden wurden.

Bei der Würdigung der Leistungen von Lagrange, Gauß und Galois können wir uns kurz fassen. Die Grundgedanken der bahnbrechenden, 1771 erschienenen Arbeit „Réflexion sur la résolution algébrique des équations“ von Lagrange sind — allerdings unter Benutzung der modernen Ausdrucksweise[1]) — in § 27, 28 ausführlich dargelegt Die große algebraische Leistung von Gauß ist die Kreisteilungstheorie, die er schon 1796 als 19jähriger schuf, aber erst 1801 veröffentlichte (Die Kreisteilungstheorie bildet den letzten Abschnitt der „Disquisitiones arithmeticae“, dieser Bibel der Algebraiker und Arithmetiker.) Was Abels Bedeutung für die Algebra angeht, so braucht nur auf den Abelschen Satz von § 34 und vor allem auf das Abelsche Unmöglichkeitstheorem von § 36 hingewiesen zu werden. Mit der Galoisschen Theorie, deren Hauptgedanken Galois u a. in einem berühmt gewordenen, in der Nacht vor seinem Tode an einen Freund geschriebenen Briefe entwickelte, haben wir uns in § 36, 37 soweit beschäftigt, als es uns im Rahmen unseres Büchleins überhaupt möglich war.

[1]) Die moderne Ausdrucksweise haben wir auch im ganzen Abschnitt V bei der Entwicklung der Gaußschen Kreisteilungstheorie unbedenklich benutzt, ebenso in § 36 bei der Formulierung des Abelschen Unmöglichkeitssatzes

Anhang.

Der Fundamentalsatz der Algebra.

Schon in § 9 haben wir den Gaußschen „Fundamentalsatz der Algebra“ formuliert.

Der Körper $\mathfrak{K}_k$ aller komplexen Zahlen ist algebraisch abgeschlossen, es zerfällt also über $\mathfrak{K}_k$ jedes Polynom in Linearfaktoren. Oder, nur scheinbar weniger sagend: *Jedes Polynom mit Beiwerten aus $\mathfrak{K}_k$ besitzt mindestens eine zu $\mathfrak{K}_k$ gehörige Nullstelle.* In § 9 erwies es sich aus verschiedenen Gründen als zweckmäßig, auf einen Beweis des Fundamentalsatzes zu verzichten; jetzt aber können wir das früher Versäumte leicht nachholen. Dabei stützen wir uns auf die formale Nullstellenkonstruktion von § 25 und auf die folgenden beiden Grundeigenschaften des Körpers $\mathfrak{K}_r$ aller reellen Zahlen

a) *Sind a und b zwei beliebige reelle Zahlen, so sind stets auch $\sqrt{a + \sqrt{a^2 + b^2}}$ und $\sqrt{-a + \sqrt{a^2 + b^2}}$ reell.*

b) *Ein Polynom $a(x) = x^n + a_1 x^{n-1} + \cdots + a_n$ von ungeradem Grade n mit reellen Beiwerten $a_1, \ldots, a_n$ besitzt stets mindestens eine reelle Nullstelle.* (Beweis mühelos auf Grund der Stetigkeit der reellzahligen Polynome; man beachte, daß wegen des ungeraden Grades $a(x) \to +\infty$ bzw. $a(x) \to -\infty$, wenn $x \to +\infty$ bzw. $x \to -\infty$.)

Wir bemerken zunächst: Ist $\alpha(x)$ ein Polynom über $\mathfrak{K}_k = \mathfrak{K}_r(i)$, und bedeutet $\bar{\alpha}(x)$ das zu $\alpha(x)$ konjugiert komplexe Polynom, so sind die Beiwerte von $b(x) = \alpha(x) \cdot \bar{\alpha}(x)$ reell. Ist $\xi = s + it$ eine zu $\mathfrak{K}_k$ gehörige Nullstelle von $b(x)$, so ist entweder $\alpha(\xi) = 0$ oder $\alpha(\xi) = 0$ und aus $\alpha(\xi) = 0$ $(\bar{\alpha}(\xi) = 0)$ folgt $\alpha(\xi) = \bar{\alpha}(s - it) = 0$ $(\alpha(\xi) = 0)$. Unter diesen Umständen brauchen wir zum Beweis des Fundamentalsatzes nur zu zeigen: *Jedes Polynom $b(x) = x^n + b_1 x^{n-1} + \cdots + b_n$ mit reellen Beiwerten b_i besitzt in $\mathfrak{K}_k$ mindestens eine Nullstelle.*

Induktionsschluß: Die zu beweisende Behauptung ist nach b) sicher richtig, wenn der Grad n von $b(x)$ ungerade ist. Wir nehmen nun an, der Fall aller der Polynome, deren Grad höchstens durch 2^{m-1} teilbar ist, sei bereits erledigt, und zeigen, daß ein Polynom $b(x)$ mit *genau* durch 2^m (also durch 2^m, aber nicht durch 2^{m+1}) teilbarem Grade n stets eine zu $\mathfrak{K}_k$ gehörige Nullstelle besitzt.

Nach § 25 gibt es sicher einen Oberkörper $\mathfrak{L}$ von $\mathfrak{K}$, über dem $b(x)$ in Linearfaktoren zerfällt, $b(x) = (x-\alpha_1)\cdot\ldots\cdot(x-\alpha_n)$. Bilden wir mit $\omega = \frac{n\cdot(n-1)}{2}+1$ verschiedenen reellen Zahlen $a_1,\ldots a_\omega$ jeweils die $\frac{n\cdot(n-1)}{2}$ formal verschiedenen Ausdrücke $\alpha_i\cdot\alpha_k + a_l\cdot(\alpha_i+\alpha_k)$, die aus $\alpha_1\cdot\alpha_2 + a_l\,(\alpha_1+\alpha_2)$ durch alle möglichen Vertauschungen der Größen $\alpha_1\ldots\alpha_n$ entstehen, so haben die ω Polynome $p_l(x) = \prod_{i,k}(x-(\alpha_i\cdot\alpha_k + a_l\cdot(\alpha_i+\alpha_k)))$ nach § 26 sämtlich reelle Beiwerte. Da ferner der gemeinsame Grad $\frac{n\cdot(n-1)}{2}$ der $p_l(x)$ *genau* durch 2^{m-1} teilbar ist, besitzt jedes $p_l(x)$ nach Induktionsvoraussetzung eine zu $\mathfrak{K}_k$ gehörige Nullstelle $\xi_l = \alpha_{i_l}\cdot\alpha_{k_l} + a_l\cdot(\alpha_{i_l}+\alpha_{k_l})$. Weil es aber nur $\frac{n\cdot(n-1)}{2}$ verschiedene Indexkombinationen i,k gibt, müssen mindestens zwei unter den $\omega = \frac{n\cdot(n-1)}{2}+1$ Indexkombinationen i_l, k_l einander gleich sein. Sei etwa $\xi_1 = \alpha_1\cdot\alpha_2 + a_1\cdot(\alpha_1+\alpha_2)$, $\xi_2 = \alpha_1\cdot\alpha_2 + a_2\cdot(\alpha_1+\alpha_2)$. Dann gehören mit ξ_1 und ξ_2 auch $\eta_1 = \alpha_1+\alpha_2 = \frac{\xi_2-\xi_1}{a_2-a_1}$ und $\eta_2 = \alpha_1\cdot\alpha_2 = \frac{a_2\xi_1-a_1\xi_2}{a_2-a_1}$ zu $\mathfrak{K}_k$, es sind also α_1 und α_2 *über* $\mathfrak{K}_k$ die Nullstellen der quadratischen Gleichung $x^2-\eta_1x+\eta_2=0$, und daraus ergibt sich elementar, daß auch die Nullstellen α_1, α_2 von $b(x)$ in $\mathfrak{K}_k$ liegen — (Beachte $\sqrt{a+ib} = \frac{1}{\sqrt{2}}\left(\sqrt{a+\sqrt{a^2+b^2}} + i\sqrt{-a+\sqrt{a^2+b^2}}\right)$ und die Grundeigenschaft $a)$ von $\mathfrak{K}_r$[1]) — Damit ist der Induktionsschluß durchgeführt und der Fundamentalsatz ist voll bewiesen.

Wie man sieht, ist unser Beweis des Fundamentalsatzes äußerlich rein algebraisch; die nichtalgebraischen Eigenschaften des Körpers $\mathfrak{K}_r$ braucht man nur zum Beweis der (ihrerseits wieder algebraischen) Behauptungen a) und b). Unter diesen Umständen wird man fragen, ob es nicht doch auch einfache, rein algebraische Eigenschaften des Körpers $\mathfrak{K}_r$ gibt, aus denen die Behauptungen a) und b) hergeleitet werden können. Es zeigt sich, daß diese Frage zu bejahen ist. Die Sätze a) und b) sind Folgerungen aus den nachstehenden beiden „algebraischen Haupteigenschaften" des Korpers $\mathfrak{K} = \mathfrak{K}_r$:

a)* In $\mathfrak{K}$ kann keine Quadratensumme verschwinden. Sind also $a_1, \dots a_\omega$ beliebig viele von 0 verschiedene Elemente aus $\mathfrak{K}$, so ist stets $a_1^2 + \cdots + a_\omega^2 \neq 0$.

b)* Ist $\mathfrak{L}$ irgend ein echter algebraischer Oberkorper von $\mathfrak{K}$, so gibt es in $\mathfrak{L}$ stets eine verschwindende Quadratensumme; es lassen sich also in $\mathfrak{L}$ endlich viele von 0 verschiedene Elemente $\alpha_1, \dots \alpha_\omega$ so bestimmen, daß $\alpha_1^2 + \cdots + \alpha_\omega^2 = 0$ wird.

Die Haupteigenschaft a)* folgt unmittelbar aus der Tatsache, daß in $\mathfrak{K} = \mathfrak{K}_r$ alle Quadrate positiv sind. Um die Richtigkeit der Behauptung b)* einzusehen, braucht man nur zu bedenken, daß $\mathfrak{K}(i) = \mathfrak{K}_k$ offenbar der einzige algebraische Oberkorper von $\mathfrak{K} = \mathfrak{K}_r$ ist, und daß in $\mathfrak{K}_k$ z. B. $\alpha_1^2 + \alpha_2^2 = 0$ wird fur $\alpha_1 = 1$, $\alpha_2 = i$, (vgl. aber zu dieser Bemerkung die kritischen Betrachtungen weiter unten) — Um nun von a)* und b)* auf a) und b) zu schließen, uberlegen wir uns zunachst: Es sei c ein Element aus $\mathfrak{K}_r$, das in $\mathfrak{K}_r$ kein Quadrat ist, fur das also $\mathfrak{K}_r(\sqrt{c})$ einen echten Oberkorper von $\mathfrak{K}_r$ darstellt. Dann mussen sich nach b)* in $\mathfrak{K}_r(\sqrt{c})$ die Elemente $\alpha_i = a_i + b_i \cdot \sqrt{c}$ (a_i, b_i in $\mathfrak{K}_r$; $i = 1, \dots \omega$) so bestimmen lassen, daß

$$(1)\ \alpha_1^2 + \cdots + \alpha_\omega^2 = (a_1^2 + \cdots + a_\omega^2) + c \cdot (b_1^2 + \cdots + b_\omega^2) + 2\sqrt{c} \cdot (a_1 b_1 + \cdots + a_\omega b_\omega) = 0$$

wird. In (1) muß $a_1 b_1 + \cdots + a_\omega b_\omega = 0$ sein, weil sonst $\sqrt{c}$ gegen Voraussetzung zu $\mathfrak{K}_r$ gehorte. Ware ferner c in $\mathfrak{K}_r$ Quadratsumme, $c = d_1^2 + \cdots + d_\tau^2$, so hatten wir $\sum_{i=1}^{\omega} a_i^2 + \sum_{i=1}^{\omega} \sum_{k=1}^{\tau} (b_i \cdot d_k)^2 = 0$ im Widerspruch zu Haupteigenschaft a)*. D.h. also: Ist c in $\mathfrak{K}_r$ kein Quadrat, so ist c in $\mathfrak{K}_r$ auch keine Quadratsumme. Oder, positiv ausgedruckt:

In $\mathfrak{K}_r$ ist jede Quadratsumme gleichzeitig auch ein Quadrat.

Insbesondere wird in (1) $a_1^2 + \cdots + a_\omega^2 = a^2$, $b_1^2 + \cdots + b_\omega^2 = b^2$ und somit $c = -\frac{a^2}{b^2}$, $-c = \left(\frac{a}{b}\right)^2$. D. h. aber:

Ist c in $\mathfrak{K}_r$ kein Quadrat, so ist notwendig $-c$ in $\mathfrak{K}_r$ ein Quadrat.

Es seien nun a, b zwei beliebige Elemente aus $\mathfrak{K}_r$. Dann gehört nach dem bisherigen auch $c = \sqrt{a^2 + b^2}$ zu $\mathfrak{K}_r$, und zwar können wir das Vorzeichen der Quadratwurzel so festlegen, daß sogar $\sqrt{\sqrt{a^2 + b^2}} = d$ in $\mathfrak{K}_r$ liegt. Bei dieser Normierung müssen aber auch $a + \sqrt{a^2 + b^2}$ und $-a + \sqrt{a^2 + b^2}$ in $\mathfrak{K}_r$ Quadrate werden. Wäre nämlich z. B. $a + \sqrt{a^2 + b^2}$ kein Quadrat, so müßte in $\mathfrak{K}_r$ nach dem bereits Bewiesenen $-a - \sqrt{a^2 + b^2} = -a - d^2 = e^2$, $-a = e^2 + d^2$ sein, und daraus folgte durch Quadrieren: $a^2 = e^4 + 2e^2 d^2 + d^4 = e^4 + 2e^2 d^2 + a^2 + b^2$, $0 = (e^2)^2 + (ed)^2 + (ed)^2 + b^2$ im Widerspruch zu Haupteigenschaft a)*.

Aus a)* und b)* zusammen folgt also a). Dabei ist noch besonders zu beachten, daß wir das Vorzeichen von $\sqrt{a^2 + b^2}$ rein algebraisch festlegen konnten, ohne auf die Einteilung der reellen Zahlen in positive und negative, d. h. auf ihre Anordnung auf der Zahlgeraden, zurückgreifen zu müssen.

Wir wenden uns jetzt zu Behauptung b). Es sei $a(x)$ ein Polynom über $\mathfrak{K}_r$ von ungeradem Grade $n > 1$. Wir nehmen an, daß für alle Polynome über $\mathfrak{K}_r$ von ungeradem Grade $m < n$ die Behauptung b) bereits bewiesen sei, was ohne weiteres zulässig ist, da die Behauptung b) für $m = 1$ ja sicher zutrifft. Ist nun $a(x)$ über $\mathfrak{K}_r$ zerlegbar, so besitzt $a(x)$ mindestens einen Faktor $b(x)$ von ungeradem Grade $m < n$, und nach unsrer Induktionsvoraussetzung hat $b(x)$, und damit auch $a(x)$ mindestens eine zu $\mathfrak{K}_r$ gehörige Nullstelle. Zum Beweise von b) hat man daher nur noch zu zeigen, daß die Annahme, $a(x)$ sei über $\mathfrak{K}_r$ unzerlegbar, zu einem Widerspruch führt.

Angenommen, es sei $a(x)$ über $\mathfrak{K}_r$ unzerlegbar, γ sei eine Nullstelle von $a(x)$. Dann gilt in $\mathfrak{K}_r(\gamma)$ nach b)* eine Gleichung $\gamma_1^2 + \cdots + \gamma_\omega^2 = 0$, wobei offenbar ohne Einschränkung der Allgemeinheit $\gamma_1 = 1$ angenommen werden darf. Nach § 23 lassen sich die γ_ι alle als Polynome höchstens $(n-1)$-ten Grades in γ über $\mathfrak{K}_r$ darstellen; sei etwa $\gamma_\iota = \sum\limits_{k=0}^{m} c_{\iota k}\gamma^k$ $(\iota = 2, \ldots \omega;\ m \leqq n-1)$, wobei mindestens einer der Beiwerte $c_{\iota m}$ von 0 verschieden ist. Nach § 23 ist dann die Gleichung $1 + \gamma_2^2 + \cdots + \gamma_\omega^2 = 0$ gleichwertig mit einer Polynomgleichung

$$(2)\qquad 1+\left(\sum_{k=0}^{m} c_{2k}x^k\right)^2+\cdots+\left(\sum_{k=0}^{m} c_{\omega k}x^k\right)^2=a(x)\cdot c(x).$$

Dabei hat in (2) wegen $c_{2m}^2+\cdots+c_{\omega m}^2 \neq 0$ die linke Seite genau den Grad $2m$, der Faktor $c(x)$ auf der rechten Seite besitzt also den ungeraden Grad $g = 2m - n$, und wegen $g \leqq 2\cdot(n-1) - n < n$ gibt es in $\mathfrak{K}_r$ nach Induktionsvoraussetzung eine Nullstelle a von $c(x)$. Setzen wir nun in (2) $x = a$, so kommen wir zu der Gleichung

$$(3)\qquad 1+\left(\sum_{k=0}^{m} c_{2k}a^k\right)^2+\cdots+\left(\sum_{k=0}^{m} c_{\omega k}a^k\right)^2=0,$$

und damit zu einem Widerspruch gegen die Haupteigenschaft a)*. — Damit sind wir am Ziel, es ist gezeigt, daß tatsächlich die Behauptungen a) und b) aus den Haupteigenschaften a)*, b)* von $\mathfrak{K} = \mathfrak{K}_r$ folgen.

Zur Würdigung des gewonnenen Resultats sei zunächst bemerkt: Dadurch, daß wir a), b) auf a)*, b)* zurückführten, haben wir keineswegs einen neuen, rein algebraischen Beweis des Fundamentalsatzes der Algebra gewonnen. Denn um zu zeigen, daß $\mathfrak{K}_r$ die Eigenschaft b)* besitzt, benutzten wir die Tatsache, daß $\mathfrak{K}_r(i)$ der einzige algebraische Oberkörper von $\mathfrak{K}_r$ ist, d. h. den Fundamentalsatz der Algebra selbst. Der erzielte Fortschritt liegt in einer ganz anderen Richtung.

Ein beliebiger Körper $\mathfrak{K}$ mit der Eigenschaft a)* möge „formal reell“ genannt werden, besitzt außerdem $\mathfrak{K}$ noch die Eigenschaft b)*, so soll $\mathfrak{K}$ „reell abgeschlossen“ heißen[1]). Dann gelten nach dem bisherigen die folgenden Sätze.

Jeder formal reelle, reell abgeschlossene Körper $\mathfrak{K}$ hat die Eigenschaften a) und b). Der einzige echte algebraische Oberkörper von $\mathfrak{K}$ ist der Körper $\mathfrak{K}(i)$, der seinerseits algebraisch abgeschlossen ist.

Damit ist aber eine äußerst weitgehende Verallgemeinerung des Fundamentalsatzes der Algebra gewonnen. Denn man sieht leicht, daß es unendlich viele formal reelle, reell abgeschlossene Körper gibt, die von dem Körper $\mathfrak{K}_r$ aller gewöhnlichen reellen Zahlen verschieden sind. Von entscheidender Bedeutung ist dabei der folgende Hilfssatz, der von vornherein sehr plausibel ist, auf dessen (an sich keineswegs schwierigen) Beweis wir aber hier im Rahmen unsres Büchleins verzichten müssen:

---

[1]) Eine ausführliche und sehr elegante Darstellung der Theorie der formal reellen, reell abgeschlossenen Körper findet sich im neunten Kapitel des im Literaturverzeichnis unter Nr. 7 zitierten van der Waerdenschen Lehrbuchs.

Ist $\mathfrak{K}$ ein beliebiger formal reeller Körper, so kann man stets, und zwar i. a. auf unendlich viele verschiedene Weisen, $\mathfrak{K}$ durch Hinzunahme von (i. a. unendlich vielen) über $\mathfrak{K}$ algebraischen Elementen zu einem nicht nur formal reellen, sondern auch reell abgeschlossenen Oberkörper $\mathfrak{K}^*$ erweitern.

Nach dem Hilfssatz kommt es nur noch darauf an, Methoden zur Konstruktion formal reeller Körper ohne weitere Nebenbedingung zu finden. In dieser Hinsicht sind die folgenden beiden Kriterien besonders bemerkenswert, deren Beweise so einfach sind, daß ihre Einzeldurchführung dem Leser überlassen werden kann.

1. Es sei $a(x) = (x - \alpha_1) \ldots (x - \alpha_n)$ ein über einem beliebigen Unterkörper $\mathfrak{K}$ von $\mathfrak{K}_r$ unzerlegbares Polynom. Ist dann auch nur eine Nullstelle von $a(x)$, etwa α_1, reell, sodaß $\mathfrak{K}(\alpha_1)$ ein Unterkörper von $\mathfrak{K}_r$ und damit formal reell wird, so müssen nach dem Gleichberechtigungssatz von § 24 die Körper $\mathfrak{K}(\alpha_i)$ $(i = 1, \ldots n)$ sämtlich formal reell sein.

2. Es sei $\mathfrak{K}$ ein beliebiger formal reeller Körper, $\mathfrak{K}(u)$ bedeute den Körper, der aus $\mathfrak{K}$ durch Hinzunahme einer Unbestimmten u entsteht, (vgl. § 3). Dann ist immer auch $\mathfrak{K}(u)$ formal reell.

Beim Beweise von 2. beachte man, daß man offenbar nur zu zeigen braucht, daß keine Gleichung $(p_1(u))^2 + \cdots + (p_\omega(u))^2 = 0$ gelten kann, bei der $p_1(u), \ldots p_\omega(u)$ von 0 verschiedene Polynome über $\mathfrak{K}$ sind. — Aus 1. ergibt sich insbesondere:

Ein formal reeller Unterkörper des Körpers $\mathfrak{K}_r$ aller komplexen Zahlen braucht keineswegs immer ausschließlich aus reellen Zahlen zu bestehen. (Man wähle z. B. für $\mathfrak{K}$ den Körper $\mathfrak{K}_0$ der rationalen Zahlen, für $a(x)$ das Polynom $x^n - 2 = \prod_{k=1}^{n}\left(x - e^{\frac{2\pi i k}{n}} \cdot \sqrt[n]{2}\right)$.) Andererseits folgt aus 2., wenn man für $\mathfrak{K}$ den Körper $\mathfrak{K}_r$ aller reellen Zahlen wählt: Es gibt auch echte Oberkörper von $\mathfrak{K}_r$, die formal reell sind.

Nachdem man sich überzeugt hat, daß die Menge aller formal reellen und damit in Anbetracht des Hilfssatzes auch die Menge aller formal reellen, reell abgeschlossenen Körper außerordentlich groß und typenreich ist, wird man weiter fragen: Welche von dem Körper $\mathfrak{K}_r$ aller gewöhnlichen reellen Zahlen her bekannten Sätze gelten über die Behauptungen a) und b) und den „Fundamentalsatz“ hinaus für beliebige formal reelle, reell abgeschlossene Körper?

In dieser Hinsicht müssen wir uns hier mit einigen kurzen, in die Form von Aufgaben gekleideten Andeutungen begnügen; dabei bedeutet $\mathfrak{K}$ durchweg einen formal reellen, reell abgeschlossenen Körper; $a, b, c, \ldots$ sind die Elemente aus $\mathfrak{K}$. Es zeigt sich, daß die Sätze von § 14 im wesentlichen nicht nur für den Körper $\mathfrak{K}_r$, sondern für jeden Körper $\mathfrak{K}$ gelten.

Aufgabe 1: Ein Element $a \neq 0$ aus $\mathfrak{K}$ soll „positiv" oder „negativ" genannt werden, je nachdem ob es in $\mathfrak{K}$ als Quadratsumme darstellbar ist oder nicht; a soll „größer" bzw. „kleiner" als b heißen ($a > b$ bzw. $a < b$), wenn die Differenz $a - b$ positiv bzw. negativ ist. — Man zeige unter Berücksichtigung der Tatsache, daß in $\mathfrak{K}$ stets entweder a oder $-a$ Quadrat ist: Bei beliebiger Wahl von a und $b \neq a$ ist stets entweder $a > b$ oder $a < b$, aber niemals gleichzeitig $a > b, a < b$. Aus $a > b$, $b > c$ folgt $a > c$; aus $a > b$ folgt $a + c > b + c$; aus $a > b > 0$, $c > 0$ folgt $a \cdot c > b \cdot c$; es gelten die Multiplikationsregeln: positiv · positiv = negativ · negativ = positiv, positiv · negativ = negativ.

(Die Elemente von $\mathfrak{K}$ werden also durch unsere Festsetzungen in ganz entsprechender Weise geordnet wie die Elemente des Körpers $\mathfrak{K}_r$ aller gewöhnlichen reellen Zahlen.)

Aufgabe 2: Über $\mathfrak{K}$ läßt sich jedes Polynom als Produkt von unzerlegbaren Faktoren ersten und zweiten Grades darstellen. (Beachte, daß $\mathfrak{K}(i)$ algebraisch abgeschlossen und $\mathfrak{K}(i) : \mathfrak{K} = 2$).

Aufgabe 3. Ist $p(x) = x - a$ ein lineares Polynom über $\mathfrak{K}$, so ist $p(c) > 0$ oder $p(c) < 0$, je nachdem ob $c > a$ oder $c < a$. — Ist $p(x) = x^2 + ax + b = \left(x + \frac{a}{2}\right)^2 + \left(b - \frac{a^2}{4}\right)$ ein über $\mathfrak{K}$ unzerlegbares Polynom zweiten Grades, so ist stets $p(c) > 0$.

Aufgabe 4. Man zeige mit Hilfe der Aufgaben 2, 3: Ist $f(x)$ ein beliebiges Polynom über $\mathfrak{K}$, und ist $f(a) \cdot f(b) < 0$ $(a < b)$, so gibt es stets ein c zwischen a und b, (also ein c, für das $c > a, c < b$), mit der Eigenschaft, daß $f(c) = 0$.

Aufgabe 5: Man zeige mit Hilfe von Aufgabe 4: Die Anzahl der zwischen a und b liegenden Nullstellen von $f(x)$ kann mit Hilfe der Sturmschen Methode von § 14 bestimmt werden. Darüber hinaus lassen sich die sämtlichen Betrachtungen von § 14 vom Körper $\mathfrak{K}_r$ aller gewöhnlichen reellen Zahlen auf einen beliebigen formal reellen, reell abgeschlossenen Körper $\mathfrak{K}$ übertragen.

Sachverzeichnis.

Es bedeuten im vorliegenden Buchlein stets $\mathfrak{K}_0$ den Korper der rationalen Zahlen, $\mathfrak{K}_r$ den Korper der reellen Zahlen, $\mathfrak{K}_k$ den Korper der komplexen Zahlen

Geisteswissenschaften

Philosophie

Einführung in die Philosophie von *H. Leisegang†* 3 Aufl 145 S. 1957 *(Bd. 281)*
Erkenntnistheorie von *G. Kropp.* 1. Teil. Allgemeine Grundlegung. 143 S. 1950 *(Bd 807)*
Hauptprobleme der Philosophie von *G. Simmel†.* 7., unverand Aufl. 177 S. 1950 *(Bd. 500)*
Geschichte der Philosophie
I: Die griechische Philosophie von *W. Capelle* 1. Teil. Von Thales bis Leukippos 2., erw. Aufl. 135 S. 1953 *(Bd. 857)*
II: Die griechische Philosophie von *W. Capelle.* 2. Teil. Von der Sophistik bis zum Tode Platons. 2., stark erw. Aufl. 144 S. 1953 *(Bd. 858)*
III Die griechische Philosophie von *W. Capelle* 3 Teil. Vom Tode Platons bis zur alten Stoa. 2., stark erw. Aufl. 132 S. 1954 *(Bd 859)*
IV. Die griechische Philosophie von *W. Capelle.* 4. Teil. Von der Alten Stoa bis zum Eklektizismus im 1 Jh v. Chr. 2., stark erw. Aufl 132 S 1954 *(Bd. 863)*
V: Die Philosophie des Mittelalters von *J. Koch.* In Vorb. *(Bd. 826)*
VI· Von der Renaissance bis Kant von *K. Schilling.* 234 S. 1954 *(Bd. 394/394a)*
VII: Immanuel Kant von *G. Lehmann.* In Vorb. *(Bd. 536)*
VIII· Die Philosophie des 19. Jahrhunderts von *G. Lehmann.* 1. Teil. 151 S. 1953 *(Bd. 571)*
IX Die Philosophie des 19. Jahrhunderts von *G. Lehmann.* 2. Teil. 168 S. 1953 *(Bd. 709)*
X: Die Philosophie im ersten Drittel des 20. Jahrhunderts I von *G. Lehmann.* In Vorb *(Bd. 845)*
Die geistige Situation der Zeit (1931) von *K. Jaspers.* 4, unverand. Abdruck der 1932 bearb. 5. Aufl. 211 S 1955 *(Bd. 1000)*
Philosophisches Wörterbuch von *M. Apel†.* 5. Aufl., neub von *P. Ludz* 1957. In Vorb. *(Bd. 1031/1031a)*
Philosophische Anthropologie Menschliche Selbstdeutung in Geschichte und Gegenwart von *M. Landmann* 266 S 1955 *(Bd. 156/156a)*

Padagogik, Psychologie Soziologie

Geschichte der Pädagogik von *Herm. Weimer* 12, neub u. verm. Aufl von *Heinz Weimer* 177 S. 1956 *(Bd. 145)*
Therapeutische Psychologie. Ihr Weg durch die Psychoanalyse von *W. M. Kranefeldt* Mit einer Einfuhrung von *C. G Jung* 3, unveränd Aufl. 152 S. 1956 *(Bd. 1034)*
Allgemeine Psychologie von *Th. Erismann* 1956 In Vorb. *(Bd. 831)*
Soziologie. Geschichte und Hauptprobleme von *L. von Wiese.* 5. Aufl. 162 S 1954 *(Bd 101)*
Sozialpsychologie von *P. R. Hofstatter* 181 S, 15 Abb, 22 Tab 1956 *(Bd 104/104a)*
Psychologie des Berufs- und Wirtschaftslebens von *W. Moede.* 1956 In Vorb *(Bd 851)*
Industrie- und Betriebssoziologie von *R. Dahrendorf.* 120 S. 1956 *(Bd. 103)*

Religionswissenschaften

Jesus von *M Dibelius†.* 2. Aufl. Unverand. Nachdr. 137 S. 1949 *(Bd. 1130)*
Paulus von *M. Dibelius†.* Nach dem Tode des Verfassers herausgegeben und zu Ende gefuhrt von *W. G. Kummel.* 2. Aufl. 155 S. 1956 *(Bd. 1160)*
Römische Religionsgeschichte von *F. Altheim.* 2 Bde. 2., umgearb. Aufl
I. Grundlagen und Grundbegriffe. 116 S 1956 *(Bd 1035)*
II Der geschichtliche Ablauf. 164 S. 1956 *(Bd. 1052)*
Geschichte Israels von *E.-L Ehrlich.* 1957 In Vorb. *(Bd. 231)*

Musik

Musikästhetik von *H. J. Moser.* 180 S. 1953 *(Bd 344)*
Systematische Modulation von *R. Hernried* 2. Aufl. 136 S. 1950 *(Bd. 1094)*
Der polyphone Satz von *E Pepping.* 2 Bde.
1. Teil Der cantus-firmus-Satz 2. Aufl. 223 S. 1950 *(Bd 1148)*
2. Teil 1957 In Vorb *(Bd 1164/1164a)*
Allgemeine Musiklehre von *H. J. Moser.* 2., durchges. Aufl 155 S 1955 *(Bd 220/220a)*
Harmonielehre von *H J. Moser* 2 Bde I: 109 S 1954 *(Bd. 809)*
Die Musik des 19. Jahrhunderts von *W. Oehlmann.* 180 S. 1953 *(Bd 170)*
Die Musik des 20. Jahrhunderts I von *W. Oehlmann* In Vorb *(Bd. 171)*
Technik der deutschen Gesangskunst von *H J Moser* 3, durchges. und verb Aufl 144 S, 5 Fig. 1954 *(Bd. 576/576a)*
Die Kunst des Dirigierens von *H. W. von Waltershausen*†. 2. Aufl 138 S. 1954 *(Bd 1147)*
Die Technik des Klavierspiels aus dem Geiste des musikalischen Kunstwerkes von *K. Schubert*† 3. Aufl. 110 S. 1954 *(Bd. 1045)*

Kunst

Stilkunde von *H Weigert.* 2 Bde. 2. Aufl.
I: Vorzeit, Antike, Mittelalter 136 S., 94 Abb 1953 *(Bd. 80)*
II· Spatmittelalter und Neuzeit 146 S, 84 Abb. 1953 *(Bd. 781)*
Archäologie von *A Rumpf.* 2 Bde
I. Einleitung, historischer Überblick. 143 S, 6 Abb., 12 Taf. 1953 *(Bd. 538)*
II Die Archäologensprache Die antiken Reproduktionen 136 S, 7 Abb., 12 Taf 1956 *(Bd 539)*

Geschichte

Einführung in die Geschichtswissenschaft von *P. Kirn* 2. Aufl 121 S. 1952 *(Bd. 270)*
Zeitrechnung d. röm. Kaiserzeit, des Mittelalters und der Neuzeit fur die Jahre 1—2000 n Chr von *H. Lietzmann*†. 3 Aufl, durchges von *K. Aland* 130 S 1956 *(Bd. 1085)*
Kultur der Urzeit von *F Behn.* 3 Bde. 4 Aufl der „Kultur der Urzeit". Bd I—III von *M Hoernes*
I Die vormetallischen Kulturen (Die Steinzeiten Europas Gleichartige Kulturen in anderen Erdteilen) 172 S, 48 Abb 1950 *(Bd 564)*
II. Die älteren Metallkulturen. (Der Beginn der Metallbenutzung Kupfer- und Bronzezeit in Europa, im Orient und in Amerika) 160 S., 67 Abb 1950 *(Bd 565)*
III· Die jungeren Metallkulturen. (Das Eisen als Kulturmetall Hallstatt-Latène-Kultur in Europa Das erste Auftreten des Eisens in den anderen Erdteilen) 149 S., 60 Abb 1950 *(Bd 566)*
Vorgeschichte Europas von *F Behn.* Vollig neue Bearbeitung der 7 Aufl. der „Urgeschichte der Menschheit" von *M Hoernes* 125 S., 47 Abb. 1949 *(Bd 42)*
Der Eintritt der Germanen in die Geschichte von *J. Haller* 3 Aufl, durchges von *H Dannenbauer.* 120 S, 6 Ktnskizz 1957 *(Bd 1117)*
Von den Karolingern zu den Staufern von *J Haller* †. Die altdeutsche Kaiserzeit (900—1250). 3 Aufl. 141 S., 4 Ktn 1944 *(Bd. 1065)*
Deutsche Geschichte im Zeitalter der Reformation, der Gegenreformation und des 30jährigen Krieges von *F. Hartung* 129 S 1951 *(Bd 1105)*
Deutsche Geschichte von 1648 bis 1740 von *W. Treue.* 120 S 1956 *(Bd 35)*
Deutsche Geschichte von 1713 bis 1806 von *W Treue* 168 S 1957 *(Bd. 39)*
Quellenkunde der deutschen Geschichte im Mittelalter (bis zur Mitte des 15 Jahrhunderts) von *K Jacob*† 3 Bde
I Einleitung Allgemeiner Teil Die Zeit der Karolinger 5 Aufl 118 S. 1949 *(Bd. 279)*
II. Die Kaiserzeit (911—1250). 4. Aufl 127 S 1949 *(Bd. 280)*

III Das Spatmittelalter (vom Interregnum bis 1500). Herausgeg. von *F. Weden*. 152 S. 1952 *(Bd. 284)*
Geschichte Englands von *H. Preller*. I bis 1815. 3, stark umgearb. Aufl. 135 S., 7 Stammtaf., 2 Ktn. 1952 *(Bd 375)*
II· von 1815 bis 1910. 2, vollig umgearb Aufl 118 S, 1 Stammtaf, 7 Ktn 1954 *(Bd. 1088)*
Römische Geschichte von *F Altheim* 4 Bde. 2, verb Aufl.
I Bis zur Schlacht bei Pydna (168 v. Chr). 123 S. 1956 *(Bd 19)*
II: Bis zur Schlacht bei Actium (31 v Chr.) 130 S. 1956 *(Bd. 677)*
Geschichte der Vereinigten Staaten von Amerika von *O. Graf zu Stolberg-Wernigerode* 192 S, 10 Ktn 1956 *(Bd. 1051/1051 a)*

Deutsche Sprache und Literatur

Geschichte der deutschen Sprache von *H Sperber* 2. Aufl, durchges von *W Fleischhauer* 1957 In Vorb *(Bd 915)*
Deutsches Rechtschreibungswörterbuch von *M. Gottschald* 2, verb Aufl. 269 S. 1953 *(Bd 200/200a)*
Deutsche Wortkunde. Eine kulturgeschichtliche Betrachtung des deutschen Wortschatzes von *A Schirmer*. 3, durchges. Aufl 109 S 1949 *(Bd. 929)*
Deutsche Sprachlehre von *W Hofstaetter*. 9, neubearb Aufl von *G. Spree* 144 S 1953 *(Bd 20)*
Stimmkunde fur Beruf, Kunst und Heilzwecke von *H Biehle* 111 S 1955 *(Bd 60)*
Redetechnik. Einfuhrung in die Rhetorik von *H Biehle* 115 S 1954 *(Bd. 61)*
Sprechen und Sprachpflege (Die Kunst des Sprechens) von *H Feist* 2, verb Aufl 99 S, 25 Abb 1952 *(Bd 1122)*
Deutsches Dichten und Denken von der germanischen bis zur staufischen Zeit von *H Naumann*. (Deutsche Literaturgeschichte vom 5—13 Jahrhundert) 2, verb Aufl 166 S 1952 *(Bd 1121)*
Deutsches Dichten und Denken vom Mittelalter zur Neuzeit von *G Muller* (1270—1700) 2, durchges. Aufl 159 S 1949 *(Bd. 1086)*
Der Nibelunge Nôt in Auswahl mit kurzem Worterbuch von *K. Langosch* 10, durchges Aufl. 164 S. 1956 *(Bd. 1)*
Kudrun- und Dietrichepen in Auswahl mit Worterbuch von *O. L. Jiriczek*. 2. Aufl. bearb von *R. Wisniewski* 1957 In Vorb *(Bd. 10)*
Wolfram von Eschenbach. Parzival. Eine Auswahl mit Anmerk und Worterbuch. Von *H. Jantzen*. 2. Aufl, bearb von *H. Kolb* 128 S. 1957 *(Bd. 921)*
Die deutschen Personennamen von *M Gottschald* 2., verb Aufl. 151 S. 1955 *(Bd 422)*
Althochdeutsches Elementarbuch von *H Naumann*† und *W. Betz*. 2 Aufl 156 S 1954 *(Bd 1111)*
Mittelhochdeutsche Grammatik von *H. de Boor* und *R. Wisniewski*. 141 S 1956 *(Bd. 1108)*

Indogermanisch, Germanisch

Gotisches Elementarbuch. Grammatik, Texte mit Übersetzung und Erläuterungen von *H. Hempel* 2, umgearb. Aufl 165 S 1953 *(Bd. 79)*
Indogermanische Sprachwissenschaft von *H Krahe* 3. Aufl. 1957. In Vorb *(Bd 59)*
Germanische Sprachwissenschaft von *H Krahe* 2 Bde 3, neub. Aufl
I Einleitung und Lautlehre 147 S. 1956 *(Bd 238)*
II Formenlehre 149 S. 1957 *(Bd 780)*
Altnordisches Elementarbuch von *F Ranke* Schrifttum, Sprache, Texte mit Übersetzung und Worterbuch. 2, durchges Aufl 146 S 1949 *(Bd 1115)*

Englisch, Franzosisch Italienisch

Altenglisches Elementarbuch von *M Lehnert*. Einfuhrung, Grammatik, Texte mit Übersetzung und Worterbuch. 3, verb Aufl. 178 S. 1955 *(Bd 1125)*
Historische neuenglische Laut- und Formenlehre von *E. Ekwall* 3, durchges Aufl 150 S 1956 *(Bd 735)*
Englische Phonetik von *H Mutschmann*† 117 S 1956 *(Bd. 601)*

Englische Literaturgeschichte. 4 Bde
I: Die alt- und mittelenglische Periode v *F. Schubel.* 163 S 1954 *(Bd 1114)*
II. Von der Renaissance bis zur Aufklarung von *F. Schubel* 160 S. 1956 *(Bd. 1116)*
III: Romantik und Viktorianismus von *P. Meissner†* 150 S 1938 *(Bd. 1124)*
IV: Das 20 Jahrhundert von *P Meissner†.* 150 S 1939 *(Bd 1136)*
Beowulf von *M. Lehnert* Eine Auswahl mit Einfuhrung, teilweiser Übersetzung, Anmerkungen und etymologischem Worterbuch 2, verb Aufl 135 S 1949 *(Bd 1135)*
Shakespeare von *P. Meissner†* 2. Aufl. neubearb von *M Lehnert* 136 S 1954 *(Bd 1142)*
Italienische Literaturgeschichte von *K. Vossler†* Unverand Nachdr der 1927 erschien 4, durchges. und verb. Aufl. 148 S. 1948 *(Bd 125)*
Romanische Sprachwissenschaft von *H. Lausberg* 2 Bde 1956
I: Einleitung und Vokalismus. 160 S *(Bd 128/128a)*
II Konsonantismus 95 S. *(Bd 250)*

Griechisch, Lateinisch

Griechische Sprachwissenschaft von *W. Brandenstein* 2 Bde
I· Einleitung, Lautsystem, Etymologie. 160 S 1954 *(Bd 117)*
Geschichte der griechischen Sprache. 2 Bde
I: Bis zum Ausgang der klassischen Zeit von *O Hoffmann†.* 3 Aufl bearb von *A. Debrunner* 156 S 1954 *(Bd 111)*
II Grundfragen und Grundzuge des nachklass. Griechisch Von *A Debrunner* 144 S 1954 *(Bd 114)*
Geschichte der griechischen Literatur von *W Nestle* 2 Bde 2, verb Aufl
I. Von den Anfangen bis auf Alexander d Gr 148 S 1950 *(Bd 70)*
II· Von Alexander d Gr bis zum Ausgang der Antike 128 S 1948 *(Bd 557)*
Geschichte der lateinischen Sprache von *F Stolz†* 3, stark umgearb. Auflage von *A Debrunner* 136 S 1953 *(Bd 492)*

Hebraisch, Sanskrit, Russisch

Hebräische Grammatik von *G. Beer†.* 2 Bde. 2, vollig neub. Aufl. von *R. Meyer*
I Schrift-, Laut- und Formenlehre I. 157 S 1952 *(Bd 763/763a)*
II· Formenlehre II Syntax und Flexionstabellen. 195 S. 1955 *(Bd. 764/764a)*
Sanskrit-Grammatik von *M Mayrhofer* 89 S. 1953 *(Bd 1158)*
Russische Grammatik von *E. Berneker* 6, unverand Aufl. von *M Vasmer.* 155 S 1947 *(Bd 66)*

Erd- und Landerkunde

Afrika von *F Jaeger.* Ein geograph. Überblick. 2 Bde 2, umgearb Aufl.
I Der Lebensraum. 179 S, 18 Abb. 1954 *(Bd 910)*
II Mensch und Kultur. 152 S, 6 Abb 1954 *(Bd 911)*
Iberoamerika von *O Quelle.* In Vorb *(Bd 856)*
Australien und Ozeanien von *H. J. Krug* 176 S, 46 Skizz 1953 *(Bd 319)*
Kartenkunde von *M. Eckert-Greifendorff†* 3, durchges Aufl von *W Kleffner* 149 S, 63 Abb. 1950 *(Bd 30)*

Volkswirtschaft, Publizistik

Allgemeine Betriebswirtschaftslehre von *K Mellerowicz* 3 Bde 9, unverand Aufl
I 142 S 1956 *(Bd. 1008)*
II 112 S 1956 *(Bd 1153)*
III 143 S 1956 *(Bd. 1154)*
Allgemeine Volkswirtschaftslehre von *A Paulsen* 4 Bde
I Grundlegung, Wirtschaftskreislauf 138 S. 1956 *(Bd 1169)*
II Haushalte, Unternehmungen, Marktformen 163 S., 32 Abb. 1956 *(Bd 1170)*
Zeitungslehre von *E Dovifat.* 2 Bde. 3, neubearb Aufl
I Theoretische und rechtliche Grundlagen — Nachricht und Meinung — Sprache und Form 148 S. 1955 *(Bd 1039)*
II Redaktion — Die Sparten Verlag und Vertrieb, Wirtschaft und Technik, Sicherung der offentlichen Aufgabe 158 S 1955 *(Bd. 1040)*

Naturwissenschaften

Mathematik

Geschichte der Mathematik von *J. E. Hofmann.* 3 Bde.
I Von den Anfängen bis zum Auftreten von Fermat und Descartes. 200 S. 1953 *(Bd. 226)*
II. Von Fermat und Descartes bis zur Erfindung des Calculus und bis zum Ausbau der neuen Methoden. 1957 In Vorb *(Bd. 875)*
III. Von den Auseinandersetzungen um Calculus bis zur Französischen Revolution. 1957. In Vorb *(Bd 882)*

Mathematische Formelsammlung von *F. Ringleb* Vollst. umgearb. Neuausg. des Werkes von *O. Th. Bürklen.* 6, erw. Aufl 278 S., 53 Fig. 1956 *(Bd. 51/51a)*

Fünfstellige Logarithmen von *A. Adler.* Mit mehreren graphischen Rechentafeln und häufig vorkommenden Zahlwerten 2. Aufl Neudr. 127 S, 1 Taf. 1949 *(Bd. 423)*

Höhere Algebra von *H Hasse.* 2 Bde 3., verb Aufl.
I. Lineare Gleichungen 152 S. 1951 *(Bd. 931)*
II: Gleichungen hoheren Grades. 158 S, 5 Fig 1951 *(Bd 932)*

Aufgabensammlung zur höheren Algebra von *H Hasse* und *W Klobe* 2., verb und verm Aufl. 181 S 1952 *(Bd 1082)*

Elementare und klassische Algebra vom modernen Standpunkt von *W Krull* 2 Bde. 2, erw. Aufl I 136 S 1952 *(Bd 930)*

Einführung in die Zahlentheorie von *A Scholz*† Überarb. und herausgeg von *B Schoeneberg* 2 Aufl. 128 S 1955 *(Bd 1131)*

Elemente der Funktionentheorie von *K Knopp.* 4 Aufl 144 S, 23 Fig 1955 *(Bd 1109)*

Funktionentheorie von *K. Knopp* 2 Bde.
I Grundlagen der allgem Theorie der analytischen Funktionen 9 Aufl. 141 S, 8 Fig 1957 *(Bd 668)*
II. Anwendungen und Weiterführung der allgemeinen Theorie. 8./9. Aufl. 130 S., 7 Fig. 1955 *(Bd. 703)*

Aufgabensammlung zur Funktionentheorie von *K. Knopp.* 2 Bde. 4. Aufl.
I: Aufgaben zur elementaren Funktionentheorie. 135 S. 1949 *(Bd. 877)*
II. Aufgaben zur hoheren Funktionentheorie. 151 S. 1949 *(Bd. 878)*

Repetitorium und Aufgabensammlung zur Differentialrechnung von *A. Witting*†. 3, neub. Aufl. von *E Ulrich* 1957 In Vorb *(Bd. 146)*

Repetitorium und Aufgabensammlung zur Integralrechnung von *A Witting*†. 3, neubearb Aufl. von *E Ulrich* 1957 In Vorb. *(Bd 147)*

Gewöhnliche Differentialgleichungen von *G. Hoheisel* 5, durchges. Aufl. 129 S 1956 *(Bd 920)*

Partielle Differentialgleichungen v. *G Hoheisel.* 3, neub. Aufl 130 S. 1953 *(Bd. 1003)*

Aufgabensammlung zu den gewöhnlichen und partiellen Differentialgleichungen von *G Hoheisel.* 2, umgearb. Aufl. 124 S. 1952 *(Bd. 1059)*

Integralgleichungen von *G Hoheisel.* 2., durchges. Aufl 1957 In Vorb. *(Bd. 1099)*

Mengenlehre von *E. Kamke.* 3., neub. Auflage. 194 S, 6 Fig. 1955 *(Bd 999/999a)*

Darstellende Geometrie von *W. Haack.* 3 Bde.
I Die wichtigsten Darstellungsmethoden. Grund- und Aufriß ebenflachiger Korper. 110 S., 117 Abb 1954 *(Bd 142)*
II Korper mit krummen Begrenzungsflachen Kotierte Projektionen. 129 S, 86 Abb. 1954. *(Bd 143)*
III · Axonometrie, Perspektive. Photogrammetrie 127 S, 100 Abb. 1957 *(Bd 144)*

Sammlung von Aufgaben und Beispielen zur analytischen Geometrie der Ebene von *R Haussner*†. Mit den vollständigen Losungen 139 S., 22 Fig Neudr 1949 *(Bd. 256)*

Nichteuklidische Geometrie Hyperbolische Geometrie der Ebene Von

R. Baldus†. 3., verb. Aufl , durchges und herausgeg. von *F. Lobell.* 140 S., 70 Fig. 1953 *(Bd 970)*

Differentialgeometrie von *K. Strubecker* (fruher Rothe) 3 Bde.

I: Kurventheorie der Ebene und des Raumes 150 S , 18 Fig 1955 *(Bd. 1113/1113a)*

II Flachentheorie 13 Fig 1957 In Vorb *(Bd 1179/1179a)*

III Theorie der Flachenkrummung 37 Fig 1957. In Vorb *(Bd 1180/1180a)*

Einführung in die konforme Abbildung von *L Bieberbach* 5 , erw Aufl. 180 S , 42 Fig 1956. *(Bd 768/768a)*

Vektoren und Matrizen von *S Valentiner* 8 , erw Aufl der „Vektoranalysis" 35 Fig Mit Anh Aufgaben zur Vektorrechnung von *H Konig* 1957 In Vorb *(Bd 354/354a)*

Vermessungskunde von *P Werkmeister.* 3 Bde

II Messung von Horizontalwinkeln Festlegung von Punkten im Koordinatensystem Absteckungen. 7. Aufl. 151 S., 93 Fig. 1949 *(Bd 469)*

III. Trigonometrische und barometrische Hohenmessung Tachymetrie und Topographie. 6 Aufl. 147 S., 64 Fig. 1949 *(Bd 862)*

Versicherungsmathematik 'von *F. Bohm* 2 Bde.

I Elemente der Versicherungsrechnung. 3., verm. und verb Aufl. Durchges. Neudr 151 S 1954 *(Bd 180)*

II: Lebensversicherungsmathematik. Einfuhrung in die technischen Grundlagen der Sozialversicherung. 2., verb. Aufl 205 S. 1953 *(Bd. 917/917a)*

Physik

Einfuhrung in die theoretische Physik von *W Doring* 5 Bde

I: Mechanik. 119 S , 29 Abb 1954 *(Bd. 76)*

II Das elektromagnetische Feld 123 S., 15 Abb 1955 *(Bd 77)*

III Optik. 117 S , 32 Abb 1956 *(Bd 78)*

IV. Thermodynamik. 107 S , 9 Abb 1956 *(Bd 374)*

V Statische Mechanik 1957 In Vorb *(Bd 1017)*

Atomphysik von *K. Bechert* und *Ch. Gerthsen.* 7 Bde. 3., umgearb. Aufl.

I. Allgemeine Grundlagen. 1. Teil. 124 S , 55 Abb 1955 *(Bd 1009)*

II Allgemeine Grundlagen. 2. Teil. 112 S , 48 Abb 1955 *(Bd 1033)*

III Theorie des Atombaus. 1. Teil. 148 S., 16 Abb 1954 *(Bd. 1123/1123a)*

IV Theorie des Atombaus. 2 Teil. 170 S , 14 Abb 1954 *(Bd 1165/1165a)*

Differentialgleichungen der Physik von *F. Sauter.* 2. Aufl. 148 S., 16 Fig. 1950 *(Bd 1070)*

Physikalische Formelsammlung von *G Mahler*† und *K Mahler* 9., durchges Aufl 153 S mit 69 Fig 1955 *(Bd 136)*

Physikalische Aufgabensammlung von *G Mahler*† und *K Mahler.* Mit den Ergebn 9 , durchges. Aufl. 127 S. 1957 *(Bd. 243)*

Chemie

Geschichte der Chemie in kurzgefaßter Darstellung von *G Lockemann* 2 Bde.

I Vom Altertum bis zur Entdekkung des Sauerstoffs 142 S , 8 Bildn. 1950 *(Bd. 264)*

II Von der Entdeckung des Sauerstoffs bis zur Gegenwart. 151 S., 16 Bildn. 1955 *(Bd 265/265a)*

Anorganische Chemie von *W. Klemm* 9 Aufl 184 S , 18 Abb. 1957 *(Bd 37)*

Organische Chemie von *W Schlenk.* 7 , erw Aufl 1957 In Vorb. *(Bd 38/38a)*

Allgemeine und physikalische Chemie von *W Schulze* 3 Bde 4 , neubearb. Aufl

I 139 S , 10 Fig 1955 *(Bd 71)*

II 176 S , 37 Fig 1956 *(Bd 698/698a)*

III· 1956 In Vorb. *(Bd. 786)*

Analytische Chemie von *J Hoppe.* 2 Bde. 5 , verb Aufl

I Reaktionen 135 S 1950 *(Bd 247)*

II Gang der qualitativen Analyse. 166 S. 1950 *(Bd 248)*

Maßanalyse. Theorie und Praxis der klassischen und der elektrochemiscnen Titrierverfahren Von *G. Jander* und *K F Jahr* 7 , erg Aufl 303 S , 50 Fig. 1956 (**Bd** *221/221a)*

Thermochemie von *W. A. Roth.* 2., verb. Aufl. 109 S., 16 Fig. 1952 *(Bd. 1057)*

Physikalisch-chemische Rechenaufgaben von *E. Asmus.* 2. Aufl. 95 S. 1949 *(Bd. 445)*

Stöchiometrische Aufgabensammlung. Mit den Ergebn. von *W. Bahrdt*† und *R. Scheer.* 6., durchges. Aufl. 118 S. 1957 *(Bd 452)*

Elektrochemie und ihre physikalisch-chemischen Grundlagen von *A. Dassler.* 2 Bde.
I. 149 S., 21 Abb. 1950 *(Bd 252)*
II: 178 S., 17 Abb. 1950 *(Bd. 253)*

Technologie

Warenkunde von *K. Hassak*† und *E. Beutel*†. 2 Bde. 7. Aufl. Neubearb. von *A. Kutzelnigg*
I: Anorganische Waren sowie Kohle und Erdol. 116 S., 19 Fig. 1947 *(Bd 222)*
II: Organische Waren. 143 S., 32 Fig. 1949 *(Bd. 223)*

Die Fette und Öle von *K. Braun*†. 5., vollig neubearb. und verb Aufl von *Th. Klug* 145 S. 1950 *(Bd. 335)*

Die Seifenfabrikation von *K Braun*† 3., neubearb. und verb. Aufl. von *Th. Klug* 116 S., 18 Abb 1953 *(Bd 336)*

Textilindustrie
I· Spinnerei und Zwirnerei Von *A. Blümcke* 111 S., 43 Abb. 1954 *(Bd. 184)*

Biologie

Einführung in die allgemeine Biologie von *M Hartmann.* 132 S, 2 Abb 1956. *(Bd. 96)*

Hormone von *G Koller.* 2, neubearb. und erw Aufl. 187 S, 60 Abb, 19 Tab 1949 *(Bd. 1141)*

Fortpflanzung im Tier- und Pflanzenreich von *J. Hämmerling* 2, erg. Aufl. 135 S, 101 Abb. 1951 *(Bd. 1138)*

Geschlecht und Geschlechtsbestimmung im Tier- und Pflanzenreich von *M. Hartmann.* 2., verb. Aufl 116 S, 61 Abb, 7 Tab. 1951 *(Bd. 1127)*

Grundriß der allgemeinen Mikrobiologie von *W Schwartz* 2 Bde
I· 104 S 17 Abb 1949 *(Bd 1155)*
II 93 S. 12 Abb 1949 *(Bd. 1157)*

Symbiose der Tiere mit pflanzlichen Mikroorganismen von *P. Buchner.* 2., verb. und verm. Aufl. 130 S. 121 Abb. 1949 *(Bd. 1128)*

Botanik

Entwicklungsgeschichte des Pflanzenreiches von *H. Heil.* 2. Aufl. 138 S. 94 Abb. 1 Tab. 1950 *(Bd. 1137)*

Morphologie der Pflanzen von *L. Geitler* 3 Aufl. 126 S. 114 Abb. 1953 *(Bd 141)*

Pflanzenzüchtung von *H. Kuckuck* 2 Bde
I Grundzüge der Pflanzenzüchtung. 3, vollig umgearb Aufl. 132 S 22 Abb. 1952 *(Bd 1134)*
II Spez gartenbaul. Pflanzenzuchtung. 178 S., 27 Abb. 1957 *(Bd. 1178/1178a)*

Die Laubhölzer. Kurzgefaßte Beschreibung der in Mitteleuropa gedeihenden Laubbäume und Straucher. Von *F. W. Neger*† und *E. Münch*†. 3., durchges Aufl herausgeg von *B. Huber.* 143 S. 63 Fig. 7 Tab. 1950 *(Bd. 718)*

Die Nadelhölzer (Koniferen) und übrigen Gymnospermen von *F. W. Neger*† und *E. Münch*†. 4. Aufl. Durchges und erg. von *B Huber.* 140 S., 75 Fig, 4 Tab., 3 Ktn 1952 *(Bd 355)*

Zoologie

Entwicklungsphysiologie der Tiere von *F. Seidel.* 2 Bde.
I: Ei und Furchung. 126 S, 29 Abb. 1953 *(Bd. 1162)*
II. Korpergrundgestalt und Organbildg 159 S, 42 Abb 1953 *(Bd. 1163)*

Das Tierreich.
Fische von *D. Ludemann.* 130 S., 65 Abb 1955 *(Bd. 356)*
Insekten von *H. von Lengerken.* 128 S, 58 Abb 1953 *(Bd. 594)*
Lurche (Chordatiere) von *K. Herter* 143 S, 129 Abb 1955 *(Bd. 847)*
Spinnentiere (Trilobitomorphen, Fuhlerlose) und Tausendfüßler. Von *A. Kaestner.* 96 S., 55 Abb. 1955 *(Bd 1161)*
Wurmer Platt-, Hohl-, Schnurwurmer, Komptozoen, Ringelwurmer, Protracheaten, Bartierchen,

Zungenwurmer. Von *S. Jaeckel.* 114 S., 36 Abb 1955 *(Bd 439)*
Weichtiere Urmollusken, Schnekken, Muscheln, Kopffußer. Von *S. Jaeckel* 92 S, 34 Abb 1954 *(Bd 440)*
Stachelhauter Tentakulaten, Binnenatmer u Pfeilwurmer Von *S. Jaeckel.* 100 S, 46 Abb 1955 *(Bd. 441)*
Schwamme und Hohltiere von *H. J. Hannemann* 95 S, 80 Abb. 1956 *(Bd 442)*
Krebse von *H E. Gruner* und *K Deckert* 114 S, 43 Abb 1956 *(Bd 443)*
Einzeller, Protozoen von *E Reichenow.* 115 S, 59 Abb 1956 *(Bd 444)*
Vergleichende Physiologie der Tiere von *K Herter* 2 Bde 3 Aufl. der „Tierphysiologie".
I. Stoff- und Energiewechsel 155 S., 64 Abb 1950 *(Bd 972)*
II. Bewegung und Reizerscheinungen 148 S., 110 Abb 1950 *(Bd. 973)*

Land- und Forstwirtschaft

Landwirtschaftliche Tierzucht. Die Zuchtung und Haltung der landwirtschaftlichen Nutztiere von *H Vogel.* 139 S., 11 Abb 1952 *(Bd. 228)*
Kulturtechnische Bodenverbesserungen von *O Fauser.* 2 Bde 4, neubearb Aufl
I: Allgemeines, Entwasserung 122 S., 47 Abb. 1947 *(Bd 691)*
II: Bewasserung, Ödlandkultur, Umlegung. 150 S, 67 Abb 1949 *(Bd. 692)*

Agrikulturchemie von *K Scharrer.* 2 Bde
I: Pflanzenernährung. 143 S 1953 *(Bd 329)*
II Futtermittelkunde 192 S 1956. *(Bd 330/330a)*

Geologie, Mineralogie Kristallographie

Geologie von *F Lotze.* 176 S., 80 Abb 1955 *(Bd 13)*
Mineral- und Erzlagerstättenkunde von *H. Huttenlocher*† 2 Bde.
I 128 S, 34 Abb 1954 *(Bd 1014)*
II· 156 S, 48 Abb 1954 *(Bd 1015/1015a)*
Allgemeine Mineralogie. 9, erw. Aufl der „Mineralogie" von *R. Brauns*† und *K F. Chudoba* 104 S, 107 Fig, 1 Taf., 2 Tab. 1955 *(Bd 29)*
Spezielle Mineralogie. 9, erw. Aufl. der „Mineralogie" von *R. Brauns*† und *K F Chudoba* 133 S, 105 Fig. 1955 *(Bd 31)*
Petrographie (Gesteinskunde) von *W. Bruhns*† und *P Ramdohr.* 4, durchges Aufl 104 S, 10 Fig. 1955 *(Bd 173)*
Kristallographie von *W Bruhns*† und *P. Ramdohr* 4 Aufl. 106 S, 163 Abb 1954 *(Bd. 210)*
Einfuhrung in die Kristalloptik von *E Buchwald* 4, verb Aufl. 138 S, 121 Fig 1952 *(Bd 619)*
Lotrohrprobierkunde. Mineraldiagnose mit Lotrohr- und Tupfelreaktion Von *M Henglein* 3, verb. Aufl 91 S, 11 Fig 1949 *(Bd. 483)*

Technik

Graphische Darstellung in Wissenschaft und Technik von *M Pirani* 3, verb Aufl. bearb von *J. Fischer* 101 Abb 1957 In Vorb *(Bd. 728/728a)*

Elektrotechnik

Grundlagen der allgemeinen Elektrotechnik von *O Mohr* 3 Bde
I: Die drei Feldformen 96 S, 41 Abb, 6 Taf 1956. *(Bd. 196)*
II Die wichtigsten elektr und phys Grunderscheinungen 95 S, 36 Abb, 7 Taf 1956 *(Bd 197)*
III Schaltvorgange, Widerstandsformen, Meßtechnik 91 S, 59 Abb., 1 Taf 1956 *(Bd 198)*
Die Gleichstrommaschine von *K. Humburg* 2 Bde 2, durchges. Aufl
I 102 S, 59 Abb 1956 *(Bd 257)*
II 101 S, 38 Abb 1956 *(Bd 881)*
Die synchrone Maschine von *K. Humburg* Neudr 109 S., 78 Abb. 1951 *(Bd 1146)*

Induktionsmaschinen von *F. Unger.* 2., erw. Aufl. 142 S., 49 Abb. 1954 *(Bd. 1140)*

Die komplexe Berechnung von Wechselstromschaltungen von *H. H. Meinke* 2 Aufl 1957. In Vorb. *(Bd. 1156/1156a)*

Theoretische Grundlagen zur Berechnung der Schaltgeräte von *F. Kesselring* 3 Aufl. 144 S., 92 Abb. 1950 *(Bd 711)*

Einführung in die Technik selbsttätiger Regelungen von *W. zur Megede.* 174 S, 86 Abb. 1956 *(Bd 714/714a)*

Elektromotorische Antriebe (Grundlagen fur die Berechnung) von *A Schwaiger* 3, neubearb. Aufl. 96 S., 34 Abb. 1952 *(Bd 827)*

Technische Tabellen und Formeln von *W Muller* 4, verb und erw. Aufl von *E Schulze.* 152 S, 105 Fig. 1951 *(Bd. 579)*

Überspannungen und Überspannungsschutz von *G. Frühauf* Durchges Neudr 122 S, 98 Abb 1950 *(Bd. 1132)*

Maschinenbau

Metallkunde von *H Borchers.* 2 Bde 3 Aufl.
I. Aufbau der Metalle und Legierungen 120 S, 90 Abb., 2 Tab 1956 *(Bd 432)*
II Eigenschaften, Grundzuge der Form und Zustandsgebung 154 S, 100 Abb, 8 Tab. 1957 *(Bd 433)*

Die Werkstoffe des Maschinenbaues von *H Thum* und *C M. von Meysenbug* 2 Bde
I Einfuhrung in die Werkstoffprufung 2, neubearb. Aufl 100 S., 7 Tab, 56 Abb 1956 *(Bd 476)*

Dynamik von *W. Muller.* 2 Bde. 2, verb Aufl
I: Dynamik des Einzelkorpers. 128 S, 48 Fig 1952 *(Bd 902)*
II. Systeme von starren Korpern 102 S, 41 Fig 1952 *(Bd 903)*

Technische Schwingungslehre von *L. Zipperer* 2 Bde 2, neubearb Aufl
I Allgemeine Schwingungsgleichungen, einfache Schwinger. 120 S., 101 Abb 1953 *(Bd 953)*
II Torsionsschwingungen in Maschinenanlagen 102 S., 59 Abb. 1955 *(Bd 961/961a)*

Werkzeugmaschinen für Metallbearbeitung von *K. P. Matthes.* 4 Bde.
I: 100 S., 27 Abb., 11 Zahlentaf., 1 Tafelanh 1954 *(Bd. 561)*
II: Fertigungstechnische Grundlagen der neuzeitlichen Metallbearbeitung 101 S, 30 Abb., 5 Taf. 1955 *(Bd. 562)*

Transformatoren von *W Schäfer.* 3., uberarb u erg Aufl 130 S., 73 Abb 1957 *(Bd 952)*

Das Maschinenzeichnen mit Einführung in das Konstruieren von *W. Tochtermann* 2 Bde. 4 Aufl
I· Das Maschinenzeichnen. 156 S., 77 Taf 1950 *(Bd. 589)*
II: Ausgefuhrte Konstruktionsbeispiele. 130 S., 58 Taf. 1950 *(Bd. 590)*

Die Maschinenelemente von *E A. vom Ende.* 3, verb. Aufl., 166 S., 175 Fig, 9 Taf 1956: *(Bd 3/3a)*

Maschinen der Eisenhüttenwerke von *L Engel* 1957 In Vorb. *(Bd 583/583a)*

Walzwerke von *H Sedlaczek.* 2 Bde.
I Allgem Verformungslehre, Grundelemente und Hilfseinrichtungen der Walzwerke 90 Abb. 1957 In Vorb *(Bd 580)*
II Die Walzwerke in Aufbau und Betrieb 67 Abb 1957. In Vorb. *(Bd 581)*

Getriebelehre von *P Grodzinski.* 2 Bde 2., neubearb Aufl.
I Geometrische Grundlagen. 159 S., 142 Fig. 1953 *(Bd. 1061)*

Gießereitechnik von *H Jungbluth.* 2 Bde
I Eisengießerei. 126 S., 44 Abb. 1951 *(Bd 1159)*

Die Dampfkessel und Feuerungen einschließlich Hilfseinrichtungen in Theorie, Konstruktion und Berechnung von *W. Marcard†* 2 Bde. 2. Aufl Neubearb von *K Beck.*
I Die theoretischen Grundlagen, Wärme, Verbrennung, Warmeubertragung. 150 S, 42 Abb, 16 Tab 1951 *(Bd 9)*
II Dampfkessel 147 S, 43 Abb. 1952 *(Bd 521)*

Dampfturbinen, ihre Wirkungsweise, Berechnung und Konstruktion von *C. Zietemann* 3 Bde. 3., verb Aufl
I· Theorie der Dampfturbinen. 139 S., 48 Abb 1955 *(Bd 274)*

II Die Berechnung der Dampfturbinen und die Konstruktion der Einzelteile. 132 S, 111 Abb 1956 *(Bd 715)*

III. Die Regelung der Dampfturbinen, die Bauarten, Turbinen fur Sonderzwecke, Kondensationsanlagen. 126 S, 90 Abb. 1956 *(Bd. 716)*

Technische Thermodynamik von *W. Nußelt.* 3 Bde

I: Grundlagen 4, verb Aufl 144 S, 71 Abb 1956 *(Bd. 1084)*

II. Theorie der Warmekraftmaschinen Neudr. 144 S, 87 Abb, 32 Zahlentaf. 1951 *(Bd 1151)*

Autogenes Schweißen und Schneiden von *H. Niese* 5 Aufl Neubearb von *A. Kuchler* 136 S, 71 Fig 1954 *(Bd. 499)*

Die elektrischen Schweißverfahren von *H. Niese* 2 Aufl Neubearb von *H Dienst* 136 S, 58 Abb 1955 *(Bd 1020)*

Hebezeuge. Entwurf von Winden und Kranen von *G. Tafel.* 2., verb Aufl 176 S, 230 Fig 1954 *(Bd 414/414a)*

Wasserbau

Wasserkraftanlagen von *A Ludin* u Mitarb v *W. Borkenstein* 2 Bde.

I Planung, Grundlagen und Grundzuge 124 S, 60 Abb 1955 *(Bd 665)*

Verkehrswasserbau von *H Dehnert* 3 Bde

I Entwurfsgrundlagen, Flußregelungen 103 S, 52 Abb 1950 *(Bd 585)*

II Flußkanalisierung und Schiffahrtskanale 94 S, 60 Abb. 1950 *(Bd 597)*

III Schleusen und Hebewerke 98 S., 70 Abb 1950 *(Bd 1152)*

Wehr- und Stauanlagen von *H Dehnert* 134 S, 90 Abb 1952 *(Bd. 965)*

Talsperren von *F Tolke* 122 S., 70 Abb 1953 *(Bd. 1044)*

Hoch- und Tiefbau

Die wichtigsten Baustoffe des Hoch- und Tiefbaus von *O Graf.* 4., verb. Aufl. 131 S, 63 Abb. 1953 *(Bd. 984)*

Baustoffverarbeitung und Baustellenprüfung des Betons von *A. Kleinlogel.* 2., neubearb. und erw. Aufl. 126 S, 35 Abb. 1951 *(Bd. 978)*

Festigkeitslehre. 2 Bde

I Elastizitat, Plastizitat und Festigkeit der Baustoffe und Bauteile von *W. Gehler†* und *W Herberg.* Durchges und erw Neudr. 159 S, 118 Abb 1952 *(Bd 1144)*

II Formanderung, Platten, Stabilitat und Bruchhypothesen von *W. Herberg* und *N Dimitrov* 187 S., 94 Abb 1955 *(Bd 1145/1145a)*

Grundlagen des Stahlbetonbaus von *A Troche* 2, neubearb und erw. Aufl 208 S, 75 Abb., 17 Bemessungstaf., 20 Rechenbeisp 1953 *(Bd 1078)*

Statik der Baukonstruktionen von *A Teichmann* 4 Bde

I Grundlagen 100 S, 51 Abb., 8 Formeltaf. 1956 *(Bd 119)*

II Statisch bestimmte Stabwerke. 107 S, 52 Abb, 7 Taf 1957 *(Bd 120)*

Fenster, Türen, Tore aus Holz und Metall. Eine Anleitung zu ihrer guten Gestaltung, wirtschaftlichen Bemessung und handwerksgerechten Konstruktion von *W Wickop.* 4, uberarb und erg Aufl 155 S., 95 Abb 1955 *(Bd. 1092)*

Heizung und Lüftung von *J. Körting†* und *W Korting* 2 Bde. 8, neubearb Aufl

I Das Wesen und die Berechnung der Heizungs- und Luftungsanlagen 140 S, 29 Abb, 18 Zahlentaf. 1951 *(Bd 342)*

II Die Ausfuhrung der Heizungs- und Luftunganlagen 152 S., 165 Abb, 7 Zahlentaf 1954 *(Bd 343)*

Industrielle Kraft- und Warmewirtschaft von *F A F Schmidt* u. *A Beckers* 167 S, 69 Abb 1957 *(Bd 318/318a)*

SAMMLUNG GÖSCHEN / BANDNUMMERNFOLGE

1 Langosch, Der Nibelunge Nôt
3/3a v. Ende, Die Maschinenelemente
9 Marcard-Beck, Dampfkessel I
10 Jiriczek-Wisniewski, Kudrun- und Dietrichepen
13 Lotze, Geologie
19 Altheim, Rom. Geschichte I
20 Hofstaetter-Spree, Dt. Sprachlehre
29 Brauns-Chudoba, Allg. Mineralogie
30 Eckert-Greifendorff-Kleffner, Kartenkunde
31 Brauns-Chudoba, Spez. Mineralogie
35 Treue, Dt. Geschichte von 1648 bis 1740
37 Klemm, Anorganische Chemie
38/38a Schlenk, Organ. Chemie
39 Treue, Dt. Geschichte von 1713 bis 1806
42 Behn, Vorgeschichte Europas
51/51a Ringleb-Burklen, Mathematische Formelsammlung
59 Krahe, Indogerm. Sprachwiss.
60 Biehle, Stimmkunde
61 Biehle, Redetechnik
66 Berneker-Vasmer, Russische Grammatik
70 Nestle, Griech. Literaturgesch. I
71 Schulze, Allg. u. phys. Chemie I
76 Doring, Einf. i. d. theoret. Physik I
77 Doring, — II
78 Doring, — III
79 Hempel, Gotisches Elementarb.
80 Weigert, Stilkunde I
96 Hartmann, Einf. i. d. allgem. Biologie
101 v. Wiese, Soziologie
103 Dahrendorf, Industrie- und Betriebssoziologie
104/104a Hofstatter, Sozialpsychologie
111 Hoffmann-Debrunner, Gesch. d. griechischen Sprache I
114 Debrunner, — II
117 Brandenstein, Griechische Sprachwissenschaft I
119 Teichmann, Statik der Baukonstruktionen I
120 Teichmann, - II
125 Vossler, Italienische Literaturgeschichte
128/128a Lausberg, Romanische Sprachwissenschaft I
136 Mahler, Physikalische Formelsammlung
141 Geitler, Morphol. der Pflanzen
142 Haack, Darst. Geometrie I
143 Haack, — II
144 Haack, — III
145 Weimer, Gesch. der Pädagogik
146 Witting, Repetitorium und Aufgabensammlung zur Differentialrechnung
147 Witting, Repetitorium und Aufgabensammlung zur Integralrechnung
156/156a Landmann, Philosophische Anthropologie
170 Oehlmann, Musik des 19. Jahrhunderts
171 Oehlmann, Musik des 20. Jahrhunderts I
173 Bruhns-Ramdohr, Petrographie
180 Böhm, Versicherungsmath. I
184 Blumcke, Spinnerei und Zwirnerei
196 Mohr, Grundlagen d. Elektrotechnik I
197 Mohr, — II
198 Mohr, — III
200/200a Gottschald, Dt. Rechtschreibungswörterbuch
210 Bruhns-Ramdohr, Kristallographie
220/220a Moser, Allg. Musiklehre
221/221a Jander-Jahr, Maßanalyse
222 Hassak-Beutel, Warenkunde I
223 Hassak-Beutel, — II
226 Hofmann, Geschichte der Mathematik I
228 Vogel, Landw. Tierzucht
231 Ehrlich, Geschichte Israels
238 Krahe, German. Sprachwiss. I
243 Mahler, Physikal. Aufgabensammlung
247 Hoppe, Analytische Chemie I
248 Hoppe, — II
250 Lausberg, Roman. Sprachwissenschaft II
252 Dassler, Elektrochemie I
253 Dassler, — II

256 Haussner, Aufgabensamml. zur analyt Geometrie der Ebene
257 Humburg, Die Gleichstrommaschine I
264 Lockemann, Geschichte der Chemie I
265/265a Lockemann, — II
270 Kirn, Einführung in die Geschichtswissenschaft
274 Zietemann, Dampfturbinen I
279 Jacob, Quellenkunde der deutschen Geschichte I
280 Jacob, — II
281 Leisegang, Einfuhrung in die Philosophie
284 Jacob-Weden, Quellenkunde der deutschen Geschichte III
318/318a Schmidt, Industrielle Kraft- und Wärmewirtschaft
319 Krug, Australien und Ozeanien
329 Scharrer, Agrikulturchemie I
330/330a Scharrer, — II
335 Braun-Klug, Fette und Öle
336 Braun-Klug, Seifenfabrikation
342 Korting, Heizung und Luftung I
343 Korting, — II
344 Moser, Musikasthetik
354/354a Valentiner, Vektoren
355 Neger-Munch, Nadelholzer
356 Ludemann, Fische
374 Doring, Einf in die theoret. Physik IV
375 Preller, Geschichte Englands I
394/394a Schilling, Von der Renaissance bis Kant
414/414a Tafel, Hebezeuge I
422 Gottschald, Dt Personennamen
423 Adler, Funfstell Logarithmen
432 Borchers, Metallkunde I
433 Borchers, — II
439 Jaeckel, Wurmer
440 Jaeckel, Weichtiere
441 Jaeckel, Stachelhäuter
442 Hannemann, Schwamme und Hohltiere
443 Gruner-Deckert, Krebse
444 Reichenow, Einzeller
445 Asmus, Physikal -chemische Rechenaufgaben
452 Bahrdt-Scheer, Stochiometrische Aufgabensammlung
469 Werkmeister, Vermessungskunde II
476 Thum-Meysenbug, Die Werkstoffe des Maschinenbaus I
483 Henglein, Lotrohrprobierkunde
492 Stolz-Debrunner, Geschichte der lateinischen Sprache
499 Niese, Autogen Schweißen
500 Simmel, Hauptprobleme der Philosophie
521 Marcard-Beck, Dampfkessel II
536 Lehmann, Kant
538 Rumpf, Archäologie I
539 Rumpf, — II
557 Nestle, Griechische Literaturgeschichte II
561 Matthes, Werkzeugmaschinen I
562 Matthes, — II
564 Behn, Kultur der Urzeit I
565 Behn, — II
566 Behn, — III
571 Lehmann, Philosophie des 19 Jahrhunderts I
576/576a Moser, Gesangskunst
579 Muller-Schulze, Techn Tabellen
580 Sedlaczek, Walzwerke I
581 Sedlaczek — II
583/583a Engel, Maschinen der Eisenhuttenwerke
585 Dehnert, Verkehrswasserbau I
589 Tochtermann, Maschinenzeichnen I
590 Tochtermann, — II
594 Lengerken, Insekten
597 Dehnert, Verkehrswasserbau II
601 Mutschmann, Engl. Phonetik
619 Buchwald, Kristalloptik
665 Ludin, Wasserkraftanlagen I
668 Knopp, Funktionentheorie I
677 Altheim, Rom Geschichte II
691 Fauser, Kulturtechn Bodenverbesserungen I
692 Fauser, — II
698/698a Schulze, Allgemeine und physikalische Chemie II
703 Knopp, Funktionentheorie II
709 Lehmann, Philosophie des 19 Jahrhunderts II
711 Kesselring, Berechnung der Schaltgerate
714/714a zur Megede, Einf. in die Technik selbsttat Regelungen
715 Zietemann, Dampfturbinen II
716 Zietemann, — III
718 Neger-Munch, Laubholzer
728/728a Pirani, Graph Darstellung
735 Ekwall, Historische neuengl. Laut und Formenlehre
763/763a Beer-Meyer, Hebräische Grammatik I
764/764a Beer-Meyer, — II

768/768a Bieberbach, Einfuhrung in die konforme Abbildung
780 Krahe, Germ Sprachwiss. II
781 Weigert, Stilkunde II
786 Schulze, Allgem. und physikalische Chemie III
807 Kropp, Erkenntnistheorie I
809 Moser, Harmonielehre I
826 Koch, Philosophie des Mittelalters
827 Schwaiger, Elektromotorische Antriebe
831 Erismann, Allg. Psychologie
845 Lehmann, Philosophie im ersten Drittel des 20. Jahrhunderts
847 Herter, Lurche
851 Moede, Psychologie des Berufs- und Wirtschaftslebens
856 Quelle, Iberoamerika
857 Capelle, Griech. Philosophie I
858 Capelle, — II
859 Capelle, — III
862 Werkmeister, Vermessungskunde III
863 Capelle, Griech. Philosophie IV
875 Hofmann, Gesch d Math II
877 Knopp, Aufgabensammlung zur Funktionstheorie I
878 Knopp, — II
881 Humburg, Gleichstrommaschine II
882 Hofmann, Gesch. d Math. III
902 Muller, Dynamik I
903 Muller, — II
910 Jaeger, Afrika I
911 Jaeger, — II
915 Sperber-Fleischhauer, Gesch der deutschen Sprache
917/917a Bohm, Versicherungsmathematik II
920 Hoheisel, Gewohnliche Differentialgleichungen
921 Jantzen-Kolb, W. v. Eschenbach. Parzival
929 Schirmer, Dt. Wortkunde
930 Krull, Elementare und klassische Algebra I
931 Hasse, Hohere Algebra I
932 Hasse, — II
952 Schäfer, Transformatoren
953 Zipperer, Techn Schwingungslehre I
961/961a Zipperer, — II
965 Dehnert, Wehr- und Stauanl.
970 Baldus-Lobell, Nichteuklid. Geometrie
972 Herter, Tierphysiologie I
973 Herter, — II
978 Kleinlogel, Baustoffverarb. u. Baustellenpruf. des Betons
984 Graf, Die wichtigsten Baustoffe des Hoch- u. Tiefbaus
999/999a Kamke, Mengenlehre
1000 Jaspers, Geistige Situation
1003 Hoheisel, Partielle Differentialgleichungen
1008 Mellerowicz, Allgemeine Betriebswirtschaftslehre I
1009 Bechert-Gerthsen, Atomphysik I
1014 Huttenlocher, Mineral- und Erzlagerstattenkunde I
1015/1015a Huttenlocher, — II
1017 Doring, Einf i d theoret. Physik V
1020 Niese-Dienst, Elektr. Schweißverfahren
1031/1031a Apel, Philosophisches Worterbuch
1033 Bechert-Gerthsen, Atomphysik II
1034 Kranefeldt, Therapeutische Psychologie
1035 Altheim, Rom. Religionsgeschichte I
1039 Dovifat, Zeitungslehre I
1040 Dovifat, — II
1044 Tolke, Talsperren
1045 Schubert, Technik des Klavierspiels
1051/1051a Stolberg-Wernigerode, Gesch. der Verein Staaten von Amerika
1052 Altheim, Rom Religionsgeschichte II
1057 Roth, Thermochemie
1059 Hoheisel, Aufgabensammlung zu den gewohnl. und partiellen Differentialgleichungen
1061 Grodzinski, Getriebelehre I
1065 Haller, Von den Karolingern zu den Staufern
1070 Sauter, Differentialgleichungen der Physik
1078 Troche, Stahlbetonbau
1082 Hasse-Klobe, Aufgabensamml zur Hoheren Algebra
1084 Nußelt, Technische Thermodynamik I
1085 Lietzmann, Zeitrechnung
1086 Muller, Dt Dichten u. Denken

1088 Preller, Geschichte Englands II
1092 Wickop, Fenster, Turen, Tore
1094 Hernried, System Modulation
1099 Hoheisel, Integralgleichungen
1105 Hartung, Dt Geschichte im Zeitalter der Reformation
1108 de Boor-Wisniewski, Mittelhochdeutsche Grammatik
1109 Knopp, Elemente der Funktionentheorie
1111 Naumann-Betz, Althochdeutsches Elementarbuch
1113/1113a Strubecker, Differentialgeometrie I
1114 Schubel, Englische Literaturgeschichte I
1115 Ranke, Altnord Elementarbuch
1116 Schubel, Englische Literaturgeschichte II
1117 Haller, Eintritt der Germanen in die Geschichte
1121 Naumann, Dt. Dichten und Denken
1122 Feist, Sprechen u Sprachpflege
1123/1123a Bechert-Gerthsen, Atomphysik III
1124 Meissner, Englische Literaturgeschichte III
1125 Lehnert, Altengl Elementarbuch
1127 Hartmann, Geschlecht und Geschlechtsbestimmung im Tier- und Pflanzenreich
1128 Buchner, Symbiose der Tiere mit pflanzl Mikroorganismen
1130 Dibelius, Jesus
1131 Scholz-Schoeneberg, Einfuhrung in die Zahlentheorie
1132 Fruhauf, Überspannungen und Überspannungsschutz
1134 Kuckuck, Pflanzenzuchtung I
1135 Lehnert, Beowulf
1136 Meissner, Englische Literaturgeschichte IV
1137 Heil, Entwicklungsgeschichte des Pflanzenreichs
1138 Hammerling, Fortpflanzung im Tier- und Pflanzenreich
1140 Unger, Induktionsmaschinen
1141 Koller, Hormone
1142 Meissner-Lehnert, Shakespeare
1144 Gehler-Herberg, Festigkeitslehre I
1145/1145a Herberg-Dimitrov, - II
1146 Humburg, Synchrone Maschine
1147 v Waltershausen, Kunst des Dirigierens
1148 Pepping, Der polyphone Satz I
1151 Nußelt, Technische Thermodynamik II
1152 Dehnert, Verkehrswasserbau III
1153 Mellerowicz, Allgem Betriebswirtschaftslehre II
1154 Mellerowicz, — III
1155 Schwartz, Mikrobiologie I
1156/1156a Meinke, Komplexe Berechn der Wechselstromschaltungen
1157 Schwartz, Mikrobiologie II
1158 Mayrhofer, Sanskrit-Grammatik
1159 Jungbluth, Gießereitechnik I
1160 Dibelius-Kummel, Paulus
1161 Kaestner, Spinnentiere
1162 Seidel, Entwicklungsphysiolog der Tiere I
1163 Seidel, — II
1164/1164a Pepping, Der polyphone Satz II
1165/1165a Bechert-Gerthsen, Atomphysik IV
1169 Paulsen, Allgemeine Volkswirtschaftslehre I
1170 Paulsen, — II
1178/1178a Kuckuck, Pflanzenzuchtung II
1179/1179a Strubecker, Diff Geometrie II
1180/1180a Strubecker, — III

AUTORENREGISTER